U0182264

数据库 技术丛书

ClickHouse
性能之巅

从架构设计
解读性能之谜

陈峰 著

EXPLORE THE SECRETS OF CLICKHOUSE
PERFORMANCE FROM ARCHITECTURE DESIGN

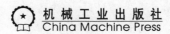

机械工业出版社
China Machine Press

图书在版编目（CIP）数据

ClickHouse 性能之巅：从架构设计解读性能之谜 / 陈峰著 . —北京：机械工业出版社，
2022.9（2023.11 重印）
（数据库技术丛书）
ISBN 978-7-111-71658-7

I. ① C… II. ①陈… III. ①数据库系统 IV. ① TP311.13

中国版本图书馆 CIP 数据核字（2022）第 176490 号

ClickHouse 性能之巅：从架构设计解读性能之谜

出版发行：机械工业出版社（北京市西城区百万庄大街 22 号　邮政编码：100037）

责任编辑：韩　蕊　　　　　　　　　　　　　　　责任校对：薄萌钰　李　婷

印　　刷：固安县铭成印刷有限公司　　　　　　版　　次：2023 年 11 月第 1 版第 2 次印刷

开　　本：186mm×240mm　1/16　　　　　　　印　　张：12.5

书　　号：ISBN 978-7-111-71658-7　　　　　　定　　价：89.00 元

客服电话：（010）88361066　68326294

本书给 ClickHouse 的使用者提供了不同业务场景下开箱即用的模型设计方法,以及行之有效的调优建议。本书理论结合实践,分析了其他大数据组件在特定场景下的不足,让读者在技术选型上有了可靠依据。

——徐昱　StarRocks 社区活跃贡献者

本书从底层原理切入,内容涉及数仓对比、架构解析、引擎介绍、实际案例和性能优化等知识,由浅入深,条理清晰,非常适合 ClickHouse 初学者学习参考。

——温一川　中国科学院软件研究所工程师

本书深入浅出地阐述了 ClickHouse 的特性及用法,还介绍了一些重要的底层算法,推荐数据库管理员、应用开发人员及想深入研究 ClickHouse 的人阅读。

——陈宏义(老猫)　中亦科技数据库产品部副总经理

本书视角独特,从架构的角度切入,深入分析了架构与速度的关系,整体内容不落窠臼,令人耳目一新。欢迎各位读者通过本书一起领略作者的技术天份。

——匡宏宇博士　南京大学助理研究员

陈峰是我主讲的"程序设计基础"课程的学生。2021 年 12 月,他在电话中告诉我要写一本关于 ClickHouse 的技术书。当时我既替他高兴,又有些许担心。高兴的是我作为陈峰的老师和朋友,从心底里希望他在参加工作后能够坚持好的学习习惯,孜孜不倦;担心的是他能否从理论、技术、方法等诸多方面驾驭这样一本技术书。

阅读本书的样章之后,我的担心消失了,萦绕在心头的是喜悦。本书不仅对 ClickHouse 技术进行了全面陈述,还围绕数仓的逻辑架构、底层物理实现、应用场景等分析了 ClickHouse 的性能优势和问题,为 ClickHouse 数仓产品的设计者、开发者和使用者揭下技术名词的伪装,帮助他们拨开技术迷雾并认清 ClickHouse 的能力范畴。

我一直希望从软件架构的角度去介绍程序设计的基本概念,这是我从学生时代学习程序设计时总结的经验。我始终认为,构筑一个大型软件程序的最大难点在于理解程序软件架构运行机理,从而控制程序设计的复杂性。如果不理解程序的逻辑架构、底层物理实现,就无法在软件技术这条路上走很远。

这样的教学执念来源于我的母亲,在我的记忆里,她在教"金属材料"这门课程时,会用一些塑料球和塑料棒代表原子和原子间的化学键,将它们构成金属微观粒子结构来说明各种金属材料的特性。这种模型让我记忆深刻,在计算机界,相比于数学符号,我更喜欢直观的模型表达。当模型盘旋于你的脑海中时,你可以很快搭建属于自己的程序世界。在这本书里,我看到陈峰也是通过构建一个直观的模型来讲解 ClickHouse。这样的内容读起来轻松,并且非常容易理解。

陈峰在校期间参与了我所主导的大部分项目，这些项目有纯工程性的，也有技术探索性的，他在这些项目中表现出了超出一般学生的控制大型复杂软件系统的能力。那时的陈峰显然是学生中的技术领头人，我的一些想法总能被他以技术的方式有效落地。陈峰一直保持着对技术惊人的热爱，工作多年仍然不知倦怠。正是因为对他的了解，使我在看到这本书的时候，能够体会到他为本书付出的心血。

我认为本书的出版是很有意义的，它不仅为像陈峰这样年轻的技术工作者提供了一个表达的机会，也为广大的工程师能够快速获取 ClickHouse 的使用经验，提高创新效率，提供了宝贵的资料。我听说，本书的策划编辑杨福川在知乎上看到了陈峰发表的有关 ClickHouse 的技术帖，于是邀约陈峰撰写了本书。在此，我要特别感谢杨福川先生，是他让这本书破"土"而出。

希望这本书能够鼓励更多的年轻人投身于为祖国解决"卡脖子"技术问题的系统软件开发中。事实证明，即使拿到了像 ClickHouse 这样的开源代码，如果没有深入探索这类系统软件开发的精神，那么解决问题仍然任重而道远。

祝贺陈峰圆满完成写作。相信本书能够得到读者的认可。

胡昊

南京大学计算机科学与技术系副教授

从技术角度来看，以列存为特征的 ClickHouse，其性能超越了 Michael Stonebraker 教授开发的 Vertica 数据库，这是列存技术的一个里程碑。如今，ClickHouse 再一次让列存成为技术热点。

陈峰是资深的大数据专家和架构师，在国内 ClickHouse 领域具备丰富的经验，本书内容来自他多年实践的真知灼见。

在书中陈峰反复提到，任何架构设计都应当是满足现有业务需求的，不要过度设计。这句话提示大家，不要试图去设计一个万能的架构，任何设计都是有得有失的。本质上，任何技术都涉及取舍，获得列存的高压缩比，就不得不牺牲事务的灵活性。如果要去实现完整的事务，就可能要牺牲当下的某些优势能力，架构就是取舍。

ClickHouse 致力于充分发挥单机性能，其优势核心在于向量化引擎，这体现了简单就是美的极致追求。

实践出真知，陈峰的实践心得必将为大家带来难得的技术洞见。开卷有益，祝大家能够从本书收获作者的思想精髓。由行存而列存，换一个角度存数据，就实现了焕然的技术创新。希望本书能够让更多读者了解列存，也期待有更多的中国数据库，能够在列存技术上展开更具创新力的探索与实现。

盖国强

云和恩墨创始人、鲲鹏 MVP

自　序 *Foreword*

硅谷著名投资人纳瓦尔说过："真正的知识具有内在的关联性，就像一根链条，从基础层面到应用层面环环相扣。如果有人用词花哨，动辄谈论宏大而复杂的概念，那么他们很有可能并不了解自己所谈论的东西。我认为最聪明的人是可以把事情深入浅出地给孩子讲解清楚的人，否则说明他自己也没有真正理解。"多年的求学经历，让我对这段话深信不疑。

当我开始从事架构师的工作时，我接触到了一些业内的全新技术。我惊讶地发现，对于蓬勃发展的大数据技术来说，如果没有足够的时间积累学习资源，会导致对很多知识的理解只停留在表面，给实际应用带来很多误解。用纳瓦尔的话说，就是没有"从基础层面到应用层面环环相扣"。

绝大多数介绍 ClickHouse 的文章都在强调其性能很强，是新一代的数仓。各种文档里都对比了 ClickHouse 与其他数仓的性能差距，似乎它在性能上全面碾压了其他数仓。那么这是否意味着 ClickHouse 能够完全取代 Hive？还有很多文章在强调 ClickHouse 的实时性，那么是否意味着 ClickHouse 比 Kylin 强大？

还有很多文章强调 Flink 是真正的实时流处理框架，而 Spark Stream 是通过将批的间隔设置得非常小来使用"微批"模拟实时。从代码层面看，"真正的流"和"微批模拟的流"有什么本质的区别呢？"真正的流"难道不是像"微批模拟的流"那样使用线性表容器存储数据吗？从这个层面看，"真正的流"和"微批模拟的流"并没有本质上的区别，那么又是什么导致了 Flink 和 Spark Stream 的区别呢？到底是 Flink 优秀还是

Spark 优秀呢?

其实,上面的问题是没有准确答案的。任何架构都是一体两面的,在获得一个优势的同时,必然需要付出一些代价,而这些代价最终会成为这个架构的缺陷。本书旨在通过对 ClickHouse 架构的分析,引出架构背后的思考,向读者传递架构设计背后的哲学。

脱离实际场景来选型,是无法设计出最合适的架构的。读者需要注意句中的"最合适"一词。没有正确的架构,只有最合适的架构。这个"最合适",需要架构师依据实际场景进行选择,架构不存在"银弹"。

软件的世界就是这样,没有标准答案。而这也正是这个世界的魅力所在,否则我们只需要准备一个列表,将所有可能的情况和对应的方案列出来就行了。

停止无谓的孰优孰劣的争吵,真正思考架构的本质、软件的本质、技术的本质吧!当我们被架构优秀的一面打动时,要清醒地认识到背后一定有着还没看清的陷阱。运用之妙,存乎一心,当我们看到架构的缺陷时,也要记得在其他场景中也一定有其发光发热的时候。我们不应该被技术名词所束缚,而应该掌控这些技术,让这些技术真正为我们所用。

请读者跟随本书,从 ClickHouse 开始,拨开技术的重重迷雾,将知识梳理成体系化的链条。当我们能将知识关联起来时,我们看待技术世界的视角一定会有所变化,也不会再停留在孰优孰劣的层面了。那么,您准备好和我一起重新认识这个技术世界了吗?

前　言 *Preface*

为什么要写这本书

2021 年，一次从深圳到上海的航班上，我和同事讨论到了客户的需求。同事反馈：客户抱怨现有的 Hive 数据仓库开发一个指标的周期太长，客户提出一个想法后，需要很久才能得到数据，严重降低了客户的决策效率。我自信地向同事推荐了 ClickHouse——ClickHouse 正好可以用来应对这类数据探索的场景。我满心欢喜地认为这个客户的需求得到了圆满的解决，然而墨菲定律再一次发挥了它强大的威力。

几周后，这位同事急吼吼地找到了我："峰少，ClickHouse 不行啊，查询速度要 20 多秒，离客户的 1 秒预期差太多了。"我的第一反应是不可能，就客户的数据量来说，再差也不会超过 3 秒。随即我意识到，一定是优化没有做到位。于是我开始了解同事先前的工作。

通过调研，我发现同事是在做一些加索引、合并 ODS 表的操作，这些操作的确将 ClickHouse 的速度提升了几个数量级，但是依然有着近 20 秒的差距。这个差距，通过索引、分区等手段是解决不了的。这让我意识到，需要从 ClickHouse 的底层引擎出发。最终我只是修改了其中一个数仓表的主键顺序，就成功地将查询速度从 20 秒优化到了 100 毫秒，远超客户的预期。

这个事件促使我有了写书的想法。的确，ClickHouse 以速度快闻名，但事实上这是建立在对 ClickHouse 的底层引擎有着深度认知的基础上的。如果还是以传统数仓的方式对 ClickHouse 调优，就无法充分发挥 ClickHouse 的性能优势。

ClickHouse 是数仓中的另类，为了充分发挥单机优势，放弃了很多传统数仓习以为常的设计。这导致了 ClickHouse 和当前的主流数仓不同的适用场景和调优方式，也给目前的数仓从业者带来了挑战：传统的调优方式无法在 ClickHouse 上达到极致的效果，需要对 ClickHouse 底层引擎有更全面的了解，并同时理解一套全新的调优的方法论。

当然，对于大部分大数据工程师来说，只需要了解 ClickHouse 的调优方法论。但我的很多同事在了解了 ClickHouse 调优的套路之后，对 ClickHouse 的神奇特性产生了好奇：为何更换一下位置就能将性能提升这么多？要理解这个问题，就需要对 ClickHouse 的底层引擎有深入了解。我写这本书，就是希望能够系统地将 ClickHouse 的底层引擎分析透彻，从而帮助读者知其然，更能知其所以然。

读者对象

我在写作时尽量避免解读 ClickHouse 源码，更注重分析 ClickHouse 背后的思想。因为我认为源码是思想的外在体现，同样的思想，不同的开发者在实现时会有不同的代码逻辑，所以核心在于背后的思想而不是代码的实现。本书面向的读者不仅仅是 ClickHouse 的 C++ 源码开发工程师，还包括以下读者：

- ClickHouse 初学者及爱好者
- 软件架构师
- 系统架构师
- ClickHouse 开发者
- 数仓建模师
- 大数据工程师
- ClickHouse 运维工程师
- 中高级开发工程师

本书特色

本书从架构设计的层面揭示了 ClickHouse 查询速度快的根本原因。读者阅读本书后，能够深刻理解 ClickHouse 的适用场景，能够客观地认识 ClickHouse 并形成自己的认知，为今后在实际业务中充分发挥 ClickHouse 的性能提供坚实的基础。

在思想内核上，本书分为明线和暗线。明线是 ClickHouse 为什么查询速度快，暗线是在此基础上向读者揭示更高维度的"架构如何影响功能（能力）"这个问题，从而帮助读者在潜移默化中构建架构世界观。

如何阅读本书

本书分为两部分。

第一部分　架构篇（第 1 ～ 7 章），介绍 ClickHouse 的架构，并从架构的角度分析 ClickHouse 查询速度快的底层逻辑。任何架构都不可能适用于所有的场景，这部分会基于这个逻辑推导出 ClickHouse 的适用场景。

第二部分　实战篇（第 8 ～ 12 章），向读者展示 ClickHouse 的使用技巧、真实场景下 ClickHouse 如何建模、云计算时代 ClickHouse 的全新架构和性能优化等内容。

勘误和支持

由于作者的水平有限，书中难免会出现一些错误或者不准确的地方，恳请读者批评指正。为此，我开通了一个微信订阅号"峰少的技术空间"，读者关注后可以直接给我留言，反馈意见和建议，我会及时与大家在线交流。

书中的全部源文件可以通过以下链接下载，我也会及时更新相应的功能。

前端代码源文件链接为 https://github.com/Wen-ace/frontend_project_user_profile_with_high_performance_of_clickhouse。

后端代码源文件链接为 https://github.com/chen-ace/project_user_profile_with_hign_performance_of_clickhouse。

感谢北京安胜华信科技有限公司研发总监和宁德时代智能制造部资深软件开发工程师惠滔对本书的错误提出改正意见。

如果读者有更多的宝贵意见，也欢迎发送邮件至邮箱 cfcz48@qq.com。期待能够得到你们的真挚反馈。

致谢

感谢我的恩师——南京大学胡昊教授。正是胡老师当年对我的教导，才让我有了求真探索的精神和看透表象的逻辑洞察力，也让我具备了写出这本书的能力。感谢我的恩师为本书作序。

感谢云和恩墨创始人、鲲鹏 MVP 盖国强老师，盖老师在数据库行业的经验非常丰富，重视提携新人，感谢盖国强老师为本书作序。

感谢我的伯乐杨磊，杨磊先生从微末中发现了我，带我进入更大的平台，给了我一个可以自由挥洒才华的舞台，是杨磊先生提高了我的视野，让我能够从不同的角度去分析问题。同时感谢杨磊先生为本书编写推荐语。

感谢我的公司滴普科技及公司的领导赵杰辉、王兵、吴小前、吕鑫。是公司给我创造了写作的条件，并给我提供了实践项目。没有公司和领导们的支持，就不会有这本书的出版。

感谢京东云数据库研发负责人高新刚、ClickHouse 中国社区创始人郭炜、美创科技技术研究院数据库内核专家吕海波、StarRocks 社区活跃贡献者徐昱、中国科学院软件研究所工程师温一川、中亦科技数据库产品副总经理陈宏义（老猫）、南京大学助理研究员匡宏宇博士。很荣幸本书能得到这些同行和前辈的认可。感谢你们对我的支持，为本书写推荐语。我将不断前行，输出更多优质的内容。

感谢我的同事：曹源、郑聪聪、温荣蛟、徐业洲、钱思贝、温志强、赵宇凯、刘晶、简婉晴。感谢你们为本书的创作提供了支撑。特别感谢温荣蛟先生，为第 9 章提供了前端代码。

感谢我的父亲陈志中。他是一个淳朴的物流司机，不擅于表达，只知道一心一意支持我，对于我求学路上的要求，从来都不打折扣地满足。也正是父亲对我的无私支持，才让我能够专心求学，最终写出了这本书。

最后感谢党和祖国，让我这个农村出身的孩子能够通过教育改变自己的命运。愿祖国繁荣昌盛。

谨以此书献给我的父亲和兄弟们，以及众多热爱 ClickHouse 的朋友们！

Contents 目　　录

第二部分　实战篇

第一部分 *Part 1*

架 构 篇

第一部分向读者介绍 ClickHouse 的架构，从架构的角度分析 ClickHouse 查询速度快的底层逻辑。任何架构都不可能适用于所有的场景，我们将基于这个逻辑推导出 ClickHouse 的适用场景。

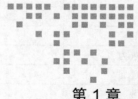

第 1 章 Chapter 1

数据仓库的核心技术

现代工程界普遍认为，数据库系统可以在广义上分为联机事务处理（OnLine Transaction Process，OLTP）和联机分析处理（OnLine Analyze Process，OLAP）两种面向不同领域的数据库，其中 OLAP 数据库也被称为数据仓库（简称数仓）。从产品上看，有专门面向 OLTP 的数据库，例如 MySQL、PostgreSQL、Oracle 等，也有专门面向 OLAP 的数据库，例如 Hive、Greenplum、HBase、ClickHouse 等。还有一种尝试统一这两类数据库的 HATP（Hybird Analyze Transaction Process）系统，例如 TiDB、OceanBase 等。

表 1-1 将 OLAP 和 OLTP 进行对比。近年来，随着技术的发展，OLAP 和 OLTP 之间的界限也逐渐模糊，几年前 OLAP 并不支持事务，近几年已经出现了一些支持简单事务的 OLAP 引擎，ClickHouse 也将简单的事务支持列入 Roadmap。另外，随着分布式技术的发展，部分 OLTP 能够处理 TB 级的数据，甚至一些厂商推出的 HATP 数据库，直接打破了两者的界限。

表 1-1 OLAP 和 OLTP 的对比

对比项	OLAP	OLTP
用途	数据仓库	事务数据库
数据容量	大，PB 级	小，GB 级，部分能达到 TB 级
事务能力	弱（或无）	强
分析能力	强	弱，只能做简单的分析
并发数	低	高
数据质量	相对低	高
数据来源	各业务数据库	各业务系统

OLAP 和 OLTP 在功能上越来越趋于一致，使得在有些场景下 OLAP 和 OLTP 可以相互取代，这是否意味着原有分类方法失效了呢？是否未来就不再需要数仓或者不再需要事务数据库呢？ClickHouse 的极致性能优化能否推动 OLAP 和 OLTP 的融合？回答这些问题需要厘清 OLAP 和 OLTP 分类的本质。

本章将从 OLAP 和 OLTP 的本质出发，向读者揭示 OLAP 和 OLTP 分类的关键因素，从而引出 ClickHouse 的核心理念及优化方向。

1.1 OLAP 和 OLTP 的本质区别

OLTP 在进行数据库设计时使用实体 – 关系模型（Entity-Relationship Model，ER 模型）。在 ER 模型的建模过程中有一个非常重要的规范化过程。规范化的目的在于通过一系列手段使得数据库设计符合数据规范化（Normal Form，NF）的原则。简单地说，规范化是将数据表从低范式变成高范式。一般情况下，在 OLTP 中通常将数据规范化为第三范式（3NF）。

1.1.1 数据三范式

在规范化的过程中经常使用范式的概念，在数据库理论中有 6 种范式，下面挑选 3 种常用的范式进行简单介绍以方便读者理解后续内容。

1. 第一范式

第一范式指表中的每个属性都不可分割，满足条件即满足第一范式。表 1-2 展示了一个不满足第一范式的例子，由于本例中的标签字还可以细分为性别、年龄、是否为 VIP 用户等多个属性，因此不满足第一范式。

表 1-2　不满足第一范式的用户标签表

用户 ID	手机号	标签	创建时间
1	138×××9821	性别＝男；年龄＝21；是否为 VIP 用户＝是	2021 年 11 月 28 日 21：21:54
2	138×××9822	性别＝男；年龄＝24；是否为 VIP 用户＝是	2021 年 11 月 28 日 21：21:54
3	138×××9823	性别＝女；年龄＝21；是否为 VIP 用户＝否	2021 年 11 月 28 日 21：21:55

2. 第二范式

第二范式建立在第一范式的基础上，当表中的所有属性都被主键的所有部分唯一确定，即为满足第二范式。表 1-3 展示了一个不满足第二范式的例子，本例中用户 ID 和标签 ID 组成了主键，标签名称下的两个属性只依赖于标签 ID，用户所在地只依赖于用户 ID，都不依赖由用户 ID 和标签 ID 组成的主键，从而不满足第二范式。删除标签名称和用户所在地即可使得表格满足第二范式。

表 1-3　不满足第二范式的用户标签表

用户 ID	标签 ID	标签名称	标签值	来源 ID	来源名称	用户所在地
1	GENDER	性别	男	1	微信 H5	深圳
2	GENDER	性别	女	2	App	北京
1	AGE	年龄	21	1	微信 H5	深圳

3. 第三范式

第三范式建立在第二范式的基础上，当表中的属性不依赖除主键外的其他属性，即为满足第三范式。回顾表 1-3，来源名称是不满足第三范式的，这是因为来源名称依赖于来源 ID。如果想满足第三范式，需要将来源 ID 删除。表 1-3 经过规范化的合格数据表如表 1-4、表 1-5 所示。

表 1-4   合格的用户标签表

用户 ID	标签 ID	标签值	来源 ID
1	GENDER	男	1
2	GENDER	女	2
1	AGE	21	1

表 1-5   合格的用户信息表

用户 ID	用户所在城市
1	深圳
2	北京
3	广州

4. 第零范式

不满足第一范式的所有情况都被称为第零范式。表 1-2 所示的是其中一种情况。数据库理论中并没有对第零范式进行严格的定义，由于作者在本书写作过程中会经常使用第零范式的模型设计，因此在本书中，如果没有特别说明，第零范式特指存在 Map 或数组结构的一类表。这类"第零范式"的表设计具备一定的实际意义，在作者的工作中，经常会用到这类设计。灵活应用这类第零范式，可能会收获意想不到的效果。

1.1.2   规范化的意义

一般要求在设计业务数据表时，至少设计到满足第三范式，避免出现数据冗余。从表 1-3 中不难发现，标签名称和来源名称是冗余的。冗余不仅增加了数据量，更重要的是，冗余会影响数据库事务，降低数据库事务性能。

表 1-6 展示了一个不合格的表设计，请读者关注最后两列，很明显这是不满足第三范式的一种设计。表中的最后一列"需要权限"用于设置数据权限，表中的数据意味着第一行和第三行需要 admin 权限才能查看。一般情况下没有问题，随着业务的变化，需要将授权级别从"2 – 非公开"改为 admin 和 manager 都有权限查看。对于这种需求，如果使用表 1-5 的设计，就需要进行全表扫描，将数据表中所有授权级

别为"2-非公开"的数据全部修改,这会严重降低数据库性能。

表 1-6 影响事务性能的不合格表结构

用户 ID	标签 ID	标签名称	标签值	授权级别	需要权限
1	GENDER	性别	男	2 – 非公开	admin
2	GENDER	性别	女	1 – 公开	
1	AGE	年龄	21	2 – 非公开	admin

数据库规范化的意义在于通过规范化降低冗余,提高数据库事务性能。正是基于这个考虑,在数据库表设计中,会要求将对数据表进行规范化。

1.1.3 规范化的局限

任何架构在有优势的同时,也会有局限。规范化的数据表也同样适用。规范化的数据表能够降低冗余,进而提高事务性能。同时,规范化的数据表无法支撑分析。

以表 1-3 ～表 1-5 为例,表 1-4 和表 1-5 为表 1-3 进行规范化后的合格用户标签表。如果需要按照用户所在城市来统计年龄分布,是无法单独使用表 1-4 完成的。必须对表 1-4 和表 1-5 进行连接(Join)操作,得到新表才能用于分析。而在大多数数据库系统中,Join 操作的过程相对于查询来说是比较慢的。

1.1.4 数仓建模的本质

通过 1.1.1 ～ 1.1.3 节的分析,我们可以得出一个推论:高范式的表适合事务处理,低范式的表适合分析处理。从中我们可以得出数仓建模的本质:逆规范化。数仓建模在本质上就是一个逆规范化的过程,将来自原始业务数据库的规范化数据还原为低范式的数据,用于快速分析。

在实际建模过程中,数仓经常提到的宽表本质上就是一个低范式的表。宽表将所有相关联的列全部整合到一张表中,用于后续的分析操作,这样做的好处就是所有相关信息都在这张宽表中,理论上在进行分析时就不需要进行 Join 操作了,可以直接进行相关的分析,提高了分析速度。这样做的缺点就是数据冗余,难以支持事务能力。

大部分数据仓库都是基于低范式数据集进行优化的，读者在使用 OLAP 引擎时一定要时刻记住这一点，避免将 OLTP 数据库中的原始高范式数据直接用于 OLAP 分析，否则分析效果可能会很差。正确的做法是通过逆规范化的过程将高范式数据集还原为低范式数据集，再由 OLAP 进行分析。

1.1.5 OLAP 和 OLTP 的底层数据模型

OLAP 和 OLTP 的本质区别在于底层数据模型不同。OLAP 更适合使用低范式的数据表，而 OLTP 则更适合使用高范式的数据表。尽管它们之间的功能越来越相似，只要其底层数据模型不同，那么它们之间的区别就永远存在，结构决定功能。

ClickHouse 是一个面向 OLAP 的数仓，很多的优化都是面向低范式数据模型的，并没有对高范式数据模型进行很好的优化。甚至在有些场景下，ClickHouse 的 Join 能力会成为整个系统的瓶颈。

ClickHouse 更适合处理低范式数据集，特别是第零范式的数据集。ClickHouse 对第零范式的数据集进行了比较多的优化，在 ClickHouse 中灵活使用第零范式会给性能带来非常大的提升。

1.1.6 维度建模

在使用 OLAP 进行数据分析时，需要对原始数据进行维度建模，之后再进行分析。维度建模理论中，基于事实表和维度表构建数据仓库。在实际操作中，一般会使用 ODS（Operational Data Store，运营数据存储）层、DW（Data Warehouse，数据仓库）层、ADS（Application Data Service，应用数据服务）层三级结构。

1. ODS 层

ODS 层一般作为业务数据库的镜像。在项目中，数仓工程师通常通过数据抽取工具（例如 Sqoop、DataX 等）将业务库的数据复制到数仓的 ODS 层，供后续建模使用。ODS 层的数据结构和业务数据库保持一致，建立 ODS 层的原因在于，通过复制一份数据到 ODS 层，可以避免建模过程直接访问业务数据库，避免对业务数据库带来影响，影响线上业务。

2. DW 层

将数据导入 ODS 层后，即可对 ODS 层的数据进行清洗、建模，生成 DW 层的数据。生成 DW 层数据的本质即本章提到的逆规范化的过程。由于 ODS 层中的数据本质上是业务数据库的副本，因此这些数据是高范式的，不适合进行 OLAP 分析。这也导致了在进行 OLAP 分析前需要将高范式的数据通过一些手段逆规范化为低范式的数据。低范式的数据作为 DW 层的数据，对外提供分析服务。

在进行数据逆规范化时，可能会产生一些中间结果，这些中间结果也可以存储于 DW 层，因此 DW 层有时会再次进行细分，划分成 DWD（Data Warehouse Detail，数据仓库明细）层、DWM（Data Warehouse Middle，数据仓库中间）层、DWS（Data Warehouse Service，数据仓库服务）层 3 个更细分的层次。

ODS 层的数据通过清洗后存储到 DWD 层，DWD 层的本质是一个去除了脏数据的高质量低范式数据层。DWD 层的数据通过聚合形成宽表并保存到 DWM 层中。DWM 层已经是低范式的数据层了，可以用于 OLAP 分析。在某些场景中，可以对 DWM 层的数据进行业务聚合，以支持更复杂的业务，此时需要将生成的数据保存到 DWS 层中。

并不是所有场景都需要包含这 3 个细分的 DW 层。DW 层的本质就是对高范式的数据进行逆规范化，生成低范式数据。读者只需要把握住这个核心，在实际的维度建模过程中，根据业务的实际需求进行建模，不需要在所有的场景下机械地遵循 DWD 层、DWM 层、DWS 层的三层架构。

本书会多次用到 DW 层的概念，如无特殊说明，DW 层均指经过了逆规范化后的结果，而不是逆规范化的过程。

3. ADS 层

ADS 层保存供业务使用的数据，虽然 DW 层的数据可用于 OLAP 分析，但分析过程通常比较慢，无法支撑实时的业务需求，需要引入 ADS 层作为缓存，向上支撑业务。同样的，ADS 层也不是必须的，需要根据业务实际情况来选择，ClickHouse 的高性能计算引擎可以在一定程度上取代 ADS 层。

ADS 层数据本质是面向业务的、高度业务化的数据，可以认为是基于 DW 层数据分析的结果，很多情况下是指标、标签的计算结果。本书后续提到的 ADS，如无特殊说明，均指基于 DW 层分析后的业务化的结果。

1.2 典型大数据数仓技术及其核心思路

科学技术是不会突变的，ClickHouse 也不是凭空冒出来的，而是在早年大数据数仓系统的基础上进行改良得到的。本节介绍 ClickHouse 诞生之前的几个知名数仓技术及其核心思路，从而引出 ClickHouse 的优化方向。

1.2.1 Hive

Hive 是一个基于 HDFS（Hadoop Distributed File System，Hadoop 分布式文件系统）的数仓系统，可以将存储在 HDFS 之上的文件进行结构化解析，并向用户提供使用 SQL 操作 Hadoop 的能力。由于 Hive 构建在 HDFS 和 Spark/MapReduce 的系统之上，使得 Hive 具备了理论上近乎无限的大数据处理能力，因此 Hive 迅速在业界占据主导地位，在其巅峰时期，Hive+SparkSQL 就是大数据系统的标配。Hive 使用的是中间件思路，构建在 Hadoop 的组件之上。

Hive 本质上是一个元数据系统，由于自身没有存储和计算引擎，因此 Hive 无法单独使用，必须配合 HDFS+Spark/MapReduce，才能完成整个数仓的功能。甚至 Hive 的元数据存储都借助了 MySQL 等关系型数据库。这样的架构设计使得 Hive 成为事实上的 Hadoop 中间件系统，在大数据早期阶段具有非常重要的意义。

❑ 降低了 Hadoop 的技术门槛。

❑ 提高了 Hadoop 的使用效率。

❑ 投入产出比高。

随着技术的进步，Hadoop 自身的问题越来越突出，使得 Hive 成为整个系统的瓶颈，这时候 Hive 的一些问题也随之暴露，主要体现在以下几点。

❑ 安装运维困难：安装 Hive 需要同时安装许多组件，易出现单点故障。

❑ 受限于底层 HDFS：如小文件问题、不支持更新等。

❑ 受限于底层计算引擎：计算效率太低、延迟高，无法支撑即席查询等。

在 ClickHouse 技术尚未出现的年代，使用 Hive 需要同时配备非常庞大的大数据平台，这使得传统烟囱式数据开发模型由于成本原因，无法在大数据时代的早期广泛应用，因此出现了数据中台的概念。建设数据中台的一个重要原因是技术不成熟使得大数据应用的成本非常高，企业没有建设多个大数据平台的动力，需要尽可能降低建设和维护成本，这就需要将所有数据整合到"大中台小前台"的架构中，并由此诞生了一大批提供数据中台服务的公司，极大地推动了产业的发展和技术的应用。

烟囱式的数据开发模式在数据中台时代被视为洪水猛兽，应该绝对避免。当然这个观点在数据中台时代是正确的。随着大数据技术的成熟，使用全新技术的烟囱式数据开发模式其实也有着数据中台无法比拟的优势——成本低、研发快、架构灵活。这更体现出了计算机科学中的一个经典理论——没有银弹。作为架构师，应该理性、平等地分析每个架构的优点和缺点，找到最合适的架构，而不是期望找到正确的架构。

1.2.2 HBase

和 Hive 类似，HBase 也是建立在 HDFS 之上的 NoSQL 数据库。和 Hive 不同的是，HBase 实现了自己的存储引擎，避开了 HDFS 低性能的缺陷，获得了非常高的吞吐能力。凭借远比 Hive 高的性能，在大数据时代早期，部分场景也会将 HBase 当成数据仓库来使用。

HBase 采用重新设计的存储引擎解决了一些数仓的技术瓶颈。HBase 的存储引擎是面向 NoSQL 设计的，由于无法完整地实现 SQL 的能力，因此除了少部分不需要强大 SQL 能力的场景之外，HBase 的使用场景非常有限。HBase 的出现也有着非常重要的意义。

❑ 证明了基于低效的 HDFS 也能设计出相对高性能的系统。
❑ 弥补了 Hive 无法支持实时场景的缺陷。
❑ 填补了大数据系统即席查询的空白，扩充了大数据的应用场景。

1.2.3 Kylin

Kylin 是一个多维 OLAP 数仓。Hive 的查询延迟很高，尤其在复杂的多维分析中格外明显，难以满足某些实时场景下的查询需求。HBase 虽然可以解决一部分场景下的高延迟问题，但因为不支持 SQL 特性，所以无法支持复杂的多维分析。

Kylin 就是在这样的背景下应运而生的。Kylin 的基本原理是既然复杂的多维分析查询速度慢，那就提前计算好结果并保存到 HBase 中，即可在需要时快速得出结果。Kylin 采用将复杂计算前置的思想，降低了复杂计算的延迟。从本质上看，可以认为 Kylin 也是一个大数据中间件。当然，Kylin 也面临着如下挑战。

❑ 维度爆炸：Kylin 是将计算前置，由于很难事先预测需要组合的维度，因此只能进行穷举。这种穷举的方式面临着维度爆炸的风险。
❑ 数据实时性弱：由于 Kylin 存在预计算过程，新的数据必须经过预计算才能被检索到，因此 Kylin 只是解决了实时查询的问题，没有解决数据无法实时响应的缺陷。
❑ 资源浪费：由于预计算的结果并不一定会被使用，因此可能存在资源浪费的情况。
❑ 指标逃逸：如果所需数据未被预计算，需要重新使用 Spark/MapReduce 进行计算。

1.2.4　其他数仓

1.2.1 ～ 1.2.3 节向读者介绍了 3 种常用的数据仓库及其核心思想，这 3 种数仓分别采用了 3 种不同的设计思路来实现大数据的数据仓库。而其他的数仓，大多也是采用其中的一种或几种思路，例如 Greenplum 采用的是与 Hive 类似的中间件思路，只不过其底层数据库是 PostgreSQL 而不是 Hive 的 Hadoop。而本书的主角 ClickHouse 则是采用类似 HBase 的思路，以极限单机性能为目标，重新设计了存储引擎和计算引擎。对于这 3 种数仓的架构会在第 6 章进行详细介绍和对比。

1.3　传统数仓的缺陷

1.2 节介绍了 3 种典型数仓技术的核心思想，本节将对这些传统数仓的缺陷进行总结。

1.3.1　效率低

传统的数仓大多构建在 Hadoop 之上，这为传统的数仓带来了近乎无限的横向扩展能力，同时也造成了效率低的问题。效率低主要体现在以下几个方面。

- ❑ 部署效率低：在部署 Hive、HBase、Kylin 之前，必须部署 Hadoop 集群。和传统数据库相比，这个部署效率是非常低效的。
- ❑ 运维效率低：Hive、HBase、Kylin 基于 Hadoop，Hadoop 生态会带来一个非常严重的单点故障问题，即 Hadoop 体系中任何一个组件出现问题，都可能引起整个系统不可用。使用传统的数仓对运维的要求非常高。
- ❑ 计算效率低：主要体现在 Hive 和 Kylin 上，这两个数仓没有自己的存储引擎和计算引擎，只能依靠堆机器实现复杂查询，而无法从数据本身入手。直到在大数据时代后期，一些以数据快速查询为目标而特殊设计的数据存储格式成为标准，这个现象才有所改观。而 HBase 的优化核心就是重新设计的存储引擎，使得 HBase 可以对数据本身进行查询速度的优化。

1.3.2 延迟高

构建在 Hadoop 之上的数仓引擎，除了效率低的缺点之外，还面临着高延迟的挑战。高延迟主要体现在以下两个方面。

☐ 查询延迟高：使用 Hive 作为数仓，受限于 HDFS 的性能瓶颈，Hive 的查询速度比较慢，难以支撑低延迟场景，无法应用在实时计算的场景中。

☐ 写入数据延迟高：同样受限于 HDFS，Hive 的数据写入延迟也很高，这意味着数据无法实时写入 Hive，从而无法支撑实时分析场景。

1.3.3 成本高

传统的数仓数仓引擎还会带来成本高的挑战，主要体现在以下几个方面。

☐ 部署成本高：由于 Hadoop 的计算逻辑是通过堆计算资源的方式来摊销复杂查询的时间，因此如果需要达到一个比较理想的性能，必须要求集群中节点的数量达到一定的规模，否则因为计算效率低，单机很容易成为性能瓶颈。这导致了 Hive 等基于 Hadoop 的数仓部署成本高的缺陷。

☐ 运维成本高：集群服务器达到一定规模后，运维成本会指数级增长。同时，由于 Hadoop 中组件太多，任何一个组件失效都有可能导致整个服务不可用，因此运维团队必须包含所有组件的运维人员，这也极大提高了运维团队的人力成本。

☐ 存储成本高：Hadoop 的 HDFS 为了避免集群中因服务器故障导致的不可用情况，默认使用三副本策略存储数据，即数据会保存 3 份。这会极大提高存储成本。即使是新一代的 Hadoop 采用纠删码技术降低了副本数量，也因使用场景有限，只适合在冷数据存储中使用，对于经常需要查询的热数据，并不适合采用该方案。

☐ 决策成本高：传统的大数据部署成本高，导致企业在做决策时面临比较大的决策成本，一方面是前期投入太大，短期内看不到效果，长期效果也很难说清楚；另一方面是即使企业下定决心来建设数仓，昂贵的基础设施和缺乏专业技术人员也会导致需要很长的建设周期，太长的建设周期又会带来很多不可预知的变数，最终影响企业的决策。

1.4　ClickHouse 查询性能的优势

1.3 节向读者说明了传统数仓存在的一些缺陷，本节将为读者介绍 ClickHouse 是如何通过精妙的存储引擎和计算引擎来解决这些问题的。

1.4.1　向量化引擎

在存储引擎的设计上，ClickHouse 采用了基于列存储的存储结构。列存储在很多场景中极大地降低了数据分析过程中读取的数据量，图 1-1 展示了列存储相比于行存储减少数据量的原理。显然，在宽表场景下，由于行存储在抽取某些列时必须读取该行的所有列，因此读取了大量无效的数据（图 1-1 中行存方案中未加▲的深色方块数据为无效的不参与计算的列），从而降低了读取效率。

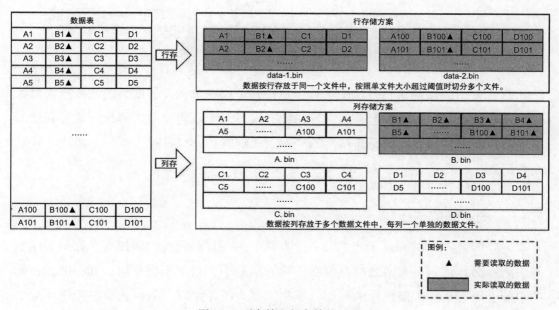

图 1-1　列存储和行存储的对比

在计算引擎的设计上，ClickHouse 首次使用了向量化计算引擎。向量化计算引擎的计算原理如图 1-2 所示，借助 CPU 提供的 SIMD（Single Instruction Multiple Data，单指令多数据流）技术，可以充分发挥现代计算机体系架构的优势，最大限度地压榨单机性能。

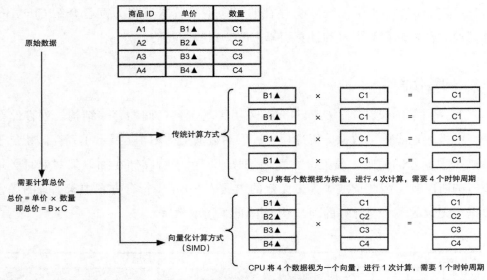

图 1-2   向量化计算引擎计算原理示意图

而 ClickHouse 对单机性能的压榨，使得其可以在单机部署的情况下处理大量数据。在实际使用中，基本上百亿以下的数据表，都可以使用单机解决。这种程度的单机处理能力已经可以满足非常多的企业层面的需要，也在很大程度上解决了传统大数据数仓的效率低和成本高的问题。

1.4.2   高效的数据压缩

列存储为 ClickHouse 带来的另一个非常明显的优势就是大幅提高了数据压缩空间。列存储是将同一列的数据存储在连续的空间中，相比于行存储，列存储在连续的空间上更有规律。而规律的存储，带来了更大的压缩率，从而大幅减少压缩后的数据大小，极大减少了磁盘的 I/O 时间。

笔者在实际项目中，基本都能做到 8：1 的压缩比，即 8TB 的数据只需要 1TB 的存储空间。这在提高计算效率的同时也降低了存储成本。相比于 Hadoop 的三副本策略，存储成本大幅降低。

读者可能会存在一个疑问：Hadoop 的三副本能保证数据不丢失，而 ClickHouse 的存储是无法保证数据不丢失的，那么二者是否不能放在一起比较？这个疑问是有一定道理的，二者的应用场景不同，面临的问题也不同。Hadoop 如果需要发挥能力，必须有一个庞大的集群来摊销低效率需要的额外处理时间，这意味着集群中任何一台机器出现故障，都有可能导致集群不可用，从概率学上看，假设一台机器的故障率是 1%，那么 100 台机器中有一台出现故障的概率已经接近 100% 了。由此可见，在一个庞大的 Hadoop 集群中是必须考虑机器故障问题的。

而 ClickHouse 则不同，ClickHouse 在设计时倾向于榨干单机性能，在很多场景下用单机解决问题。这种设计使得单机 ClickHouse 出现故障的概率只有 1%，可以在一定程度上忽略机器故障。当然，具体场景需要读者依据业务需求进行分析，如果确实需要保证数据不丢失，可以使用 RAID（Redundant Arrays of Independent Disks，磁盘阵列）在物理层面提供保障，也可以使用 ClickHouse 提供的复制表从软件层面解决该问题。总之，ClickHouse 提供了比较灵活的机制。

1.4.3 高效的 I/O 优化

超高的压缩率为 ClickHouse 带来了更低的数据存储成本和更低的 I/O 时间，同时也带来了计算时的额外开销——解压。数据压缩后存储到磁盘上，意味着压缩的数据被读取后无法直接获取内容，也就无法参与分析和计算，必须经过解压还原原始数据，才可以参与分析和计算。那么如何最大限度地减少压缩时间，甚至在数据被程序读取前就过滤掉不相关的数据，成为具备压缩能力的存储引擎的一大挑战。

ClickHouse 通过基于 LSM（Log-Structured Merge，日志结构合并）技术的稀疏索引来应对这个挑战。通过 LSM 技术，保证数据写入磁盘前就已经按照要求做好了排序，这意味着数仓中非常常见的范围查询场景可以节省大量的 I/O 时间，从而提升查询速度。

1.5　本章小结

本章首先向读者介绍了产生 OLAP 和 OLTP 两种形态数据库的底层原因及两者的区别，并解释了为何 OLAP 数据库针对大宽表进行优化。然后介绍了传统的大数据数仓技术的内容及思路，并为读者分析了这些传统技术带来的缺陷。最后介绍了 ClickHouse 的一些优化手段。

第 2 章 *Chapter 2*

ClickHouse 简介

ClickHouse 来自俄罗斯搜索引擎公司 Yandex，自 2016 年开源以来，在业界获得了极多的关注。越来越多的头部互联网企业开始应用 ClickHouse 搭建业务。同时，这些企业也将自己对 ClickHouse 的改造贡献到社区，极大地推动了 ClickHouse 的成熟。本章将向读者简单介绍 ClickHouse 功能层面的特点和适用场景，为后续介绍 ClickHouse 架构设计做铺垫。

2.1 ClickHouse 的 4 个标签

大数据的一个常用场景是推荐系统。在推荐系统中有一个标签的概念，用于描述推荐系统中人或物的特征。本节借用标签的概念描述 ClickHouse 的关键特征，方便读者建立对 ClickHouse 的第一印象。

2.1.1 性能强大

ClickHouse 最先吸引作者关注的是其强悍的性能。第一次接触 ClickHouse 是在 2020 年，当时我在一家知名的国际零售企业负责数据中台项目的技术支持，客户使用的是传统的 Hadoop 生态。在项目的实施过程中，我组织技术人员对同一个指标进行测试，使用客户现有的 Hive 数仓，计算指标需要 15s，而同样的指标在 ClickHouse 中仅需 180ms 便可完成计算。

这个结果并没有出乎我的意料，也和 ClickHouse 官网公布的性能测试结果一致。在 ClickHouse 官网中展示了 ClickHouse 和其他数据库的性能对比，其中 ClickHouse 平均比 Hive 快了 289 倍，而我的测试结果才刚刚达到 83 倍。这与我刚接触 ClickHouse 有关，由于当时我并没有对 ClickHouse 中的表进行深度优化，因此性能尚未达到 ClickHouse 的极限。这个结果让我对 ClickHouse 产生了浓厚的兴趣，我开始深入研究 ClickHouse。

一张按照 ClickHouse 要求优化过的数据表，可以实现大部分查询在 1s 内返回。携程公司的员工在公开演讲时提到，其业务可以实现 98.3% 的查询在 1s 内返回，完全可以满足交互式查询的性能要求。

2.1.2 单机处理能力强

我对 ClickHouse 的第一印象是性能强，而让我产生好奇的不仅仅是性能强，还有单机处理能力。毕竟，理论上分布式系统可以通过横向扩展来实现近乎无限的加速效果。只是性能强的话，我会将其认为是 Greenplum 之类的新数仓。如果 83 倍的加速能力仅来自一台普通的单机服务器，就非常令人震撼了。

当然，并不是说单机的 ClickHouse 能够轻松秒杀几十台服务器组成的 Hive 集群。毕竟在计算单个指标的过程中不会用到 Hive 集群中所有的服务器，不能草率地认为 ClickHouse 就能够完全取代 Hive 集群。

单机 ClickHouse 带来的影响确实是长远而深刻的。从近十年大数据技术的发展情况来看，绝大多数的技术都围绕着分布式去发展，大数据出现的核心原因就是解决纵向扩展的性能瓶颈和成本问题。而 ClickHouse 却走了另一条提高单机性能的路线，给业界提供了一个全新的思路。这必然会带来新一轮技术侧和应用侧的变革。

回到 ClickHouse 的单机处理上。一般情况下，单机 ClickHouse 可以处理数十亿的数据量，这足以支撑很多小型业务了。换句话说，很多小型业务甚至不需要组建大数据集群，通过单机数据库即可实现交互式分析。

2.1.3　成本低

ClickHouse 的单机处理能力强，其实已经足以说明其低廉的硬件部署成本了。除了硬件部署成本低之外，ClickHouse 还大大降低了运维成本。

传统的 Hadoop 集群由多个组件组成，至少需要 HDFS、Hive、ZooKeeper、YARN、Spark、MySQL 等。每个组件都是非常专业的，如果希望 Hadoop 集群正常运转，那么每一个组件都需要配备专业的运维人员，最好是组建一支专业的运维团队，用以保障 Hadoop 的正常运转。由于 ClickHouse 是一个功能齐全的数据库管理系统，不需要额外部署组件，因此只需要一名专业运维就能保证正常运行。

2.1.4　不支持事务

ClickHouse 作为 OLAP 引擎，和其他的 OLAP 引擎一样，并不支持事务，甚至不支持 UPDATE 和 DELETE 语句。不支持事务也是 ClickHouse 的一个标签。

需要特别说明的是，在 ClickHouse 官方的 RoadMap 中纳入了一项 [RFC] Limited support for transactions in MergeTree tables #22086⊖（在 MergeTree 表中增加对事务的有限支持）的提案。这里提到的事务仅仅是对插入语句生效的，并不是说 ClickHouse 要支持更新和删除操作了，和传统数据库的事务有一些细微差别。截至本书完稿，该提案相关的代码已经提交到社区。

⊖　RFC（Request For Comments）是互联网上用来讨论的机制，#22086 是编号，可以通过这个编号定位到话题，查看所有关于这个话题的讨论。

2.2　ClickHouse 的 3 个适用场景

2.1 节向读者展示了 ClickHouse 的几个标签，在推荐系统中，给主体打标签的目的是进行匹配，从而实现推荐。给 ClickHouse 打标签的目的和推荐系统类似，标签体现了 ClickHouse 的一些特征，如果某些应用场景正好需要这些特征，那么在这些场景中就可以将 ClickHouse 纳入技术选型的候选列表中。本节向读者展示 3 个 ClickHouse 的适用场景。

2.2.1　BI 报表的交互式分析

大数据系统用于传统的 BI（Business Intelligence，商务智能）报表时，由于早期大数据系统延迟长，往往需要提前将所需的指标计算好，保存在可被实时查询的数据库中。随着业务的深入，业务需求方往往会临时提出数据需求，并希望尽快获得结果，以 Hive 为代表的传统大数据技术栈无法支撑这种交互式分析需求的场景。

在 ClickHouse 之前，大数据场景下解决这类需求的关键技术是以 Apache Kylin 为代表的 MOLAP（Multidimensional OLAP，多维 OLAP）。这类技术是借助 Cube 模型将所有可能组合的维度都进行预计算，并将结果存储在实时检索的系统中。MOLAP 的本质也是预计算，只不过是暴力地将所有可能的组合都事先计算好。这会带来数据膨胀的问题，同时也无法处理实时数据。

2.2.2　互联网日志分析

日志分析是一个非常贴合 ClickHouse 特征的场景，Yandex 开发 ClickHouse 的初衷就是为了解决自身的日志分析业务问题。日志特征与 ClickHouse 的特性对应如表 2-1 所示。

表 2-1　日志特征与 ClickHouse 的特性对应

日志特征	对应 ClickHouse 的特性
日志一旦生成，无须修改	牺牲修改和删除等需要事务支持的功能，以提高查询性能
单条记录价值不大，聚合后才有价值	点查性能不强，适合聚合查询
数据量大，价值密度低	存储成本低，存放大量低价值密度的日志数据性价比较高
交互式分析需求高	擅长处理交互式分析

基于表 2-1 的分析，使用 ClickHouse 能够带来非常多的优势。除此之外，ClickHouse 对比传统的 ELK（Elasticsearch、Logstash、Kibana）架构中的 Elasticsearch 而言，还存在更多优势。

❑ ClickHouse 使用的开源协议是 Apache 2.0，是经过 OSI（Open Source Initiative，开放源代码促进会）认证的，是商业友好的。而 Elasticsearch 使用的则是其自身编写的未被 OSI 认可的开源协议，有可能出现法律风险。

❑ Elasticsearch 本质上是一个搜索引擎，用于解决全文搜索问题，其解决问题的核心算法是倒排索引，并不是聚合检索的最优技术，而现阶段很多日志分析对全文搜索的需求并不高。

❑ ClickHouse 原生支持 SQL 语法，对业务开发者比较友好。而 Elasticsearch 使用自身研发的语法，需要使用者重新学习。因为 Elasticsearch 是用于解决全文检索问题的，并不面向查询场景。

现阶段越来越多的日志分析系统开始放弃 Elasticsearch，转而使用 ClickHouse。

2.2.3　广告营销

在广告营销场景中经常会使用基于用户画像的系统进行精准投放。用户画像通过对用户设置不同的标签，可以在需要时通过组合多个标签快速筛选出目标人群，从而进行精准的广告投放，提高营销效果。

在该场景中，最核心的功能是广告投放前根据多标签组合进行人群圈选，由于这个功能本质上是基于多个 WHERE 条件对数据集进行查询，满足 ClickHouse 的使用场景，因此可以使用 ClickHouse 解决该场景的问题。

在 ClickHouse 推出前，通常使用 Hive+Elasticsearch 的组合实现上述功能，在 Hive 中进行标签计算，在 Elasticsearch 中进行人群圈选。虽然 Hive+Elasticsearch 的方案在很长一段时间里是用户画像的热门组合，但是也存在着很多限制。2.2.2 节介绍了 Elasticsearch 的一些缺陷，这些问题在广告营销场景中依然存在。ClickHouse 很好地解决了这些问题，因此很多企业都使用 ClickHouse 对用户画像进行了重构，例如腾讯、字节跳动等。

广告营销场景和日志场景又有些不同，由于广告营销场景中经常需要根据用户的最新行为更新用户的相关标签信息，因此会产生 UPDATE 操作，这是 ClickHouse 不支持的功能。按理说这个场景不应该是 ClickHouse 适用的场景，但 ClickHouse 的查询能力实在太过优秀，以至于现阶段可以忽略其对 UPDATE 操作支持弱的缺陷。深层原因在于 ClickHouse 的向量化引擎为用户画像带来了很高的收益。

2.3 本章小结

本章介绍了 ClickHouse 的一些标签和使用场景，让读者对 ClickHouse 建立起一个初步的印象。

第 1、2 章分析了业界的研究方向和 ClickHouse 的适用场景，这里面隐含了一个朴素而深刻的逻辑——ClickHouse（包括其他数据库）只能解决一部分问题，如果存在一种技术或者架构能够解决所有问题，那就不需要 Hive、Elasticsearch、Kylin 等软件系统了。这个逻辑解释了近年来大数据发展的内在原因，也引导着从业者根据业务实际需求选择对应的技术或架构。放到 ClickHouse 中也一样，ClickHouse 无法解决所有问题，无法应对所有的场景。

那么，ClickHouse 能适应这些场景的根本原因是什么呢？或者换句话说，架构为什么能解决一些问题从而又带来一些新的问题呢？这些架构的背后又有着哪些朴素的逻辑来决定着这一切呢？本书将一一向读者揭示这些问题的答案。

ClickHouse 架构概览

ClickHouse 在设计之初就明确了自身的架构设计目标——充分发挥单机能力的 OLAP 引擎。这个架构设计目标非常关键，对最终的架构产生决定性影响。

任何一个优秀的架构，都需要在设计之前确立好目标。架构没有银弹，一套架构只能解决一部分问题，而对另一部分问题则力不从心，在遇到这类瓶颈时，事先确立好架构的目标就可以避免做一些过度或者无用的设计。

ClickHouse 的架构设计也体现了这种哲学思想。举例来说，ClickHouse 旗帜鲜明地选择了 MPP（Massively Parallel Processing，大规模并行处理）架构，这使其获得了非常明显的优势，同时也带来了非常明显的劣势。这并不是 ClickHouse 的缺陷，而是项目团队所做的取舍。强如 Oracle、MySQL 之类的数据库，也只是在 OLTP 领域绽放光彩。

本章向读者介绍 ClickHouse 的整体架构，将分别从简介、核心抽象和运作过程 3 个方面，由面到点，由静态到动态，全面地分析 ClickHouse 的架构。相信通过本章的介绍，读者能够对 ClickHouse 产生全面且深入的理解。

3.1 ClickHouse 架构简介

不同于 Hadoop 的主从（Master-Slave）架构，ClickHouse 使用了 MPP 架构。MPP 和主从架构最大的区别在于主从架构将集群中所有的服务器整合成一个单独的系统，统一对外提供服务，而 MPP 架构则是一个松散的集群，集群中的任意一台服务器都可以单独对外提供服务，是一个多主的结构。这两种架构各有优缺点，第 10 章将进行详细的说明。

ClickHouse 使用了 MPP 架构，其实现能力的关键在于单机架构的抽象，而不是主从架构的多服务器协同能力。本书主要基于单机 ClickHouse 进行分析。

如图 3-1 所示，ClickHouse 的体系结构和很多数据库类似，分为计算引擎、存储引擎、服务接口、管理工具和后台服务等组成部分。

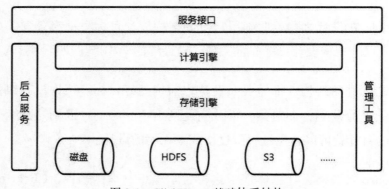

图 3-1　ClickHouse 基础体系结构

存储引擎负责将内存中的数据按照特定的规则持久化到磁盘（或 HDFS、AWS S3⊖）上，并在需要时将磁盘中的数据加载到内存中。执行引擎则将用户提交的 SQL 语句转换成执行计划并对内存中的数据进行计算。服务接口对外提供服务，后台服务负责执行一些分区合并、数据删除等后台工作。管理工具则供系统运维工程师进行数据库的配置、管理。

⊖　AWS S3（Amazon Simple Storage Service）是亚马逊的一款存储服务，一般简称为 S3。

图 3-2 展示了 ClickHouse 各个组件之间的交互。在 ClickHouse 体系结构中，组件之间在内存中以块（Block）为单位交换数据，共同完成任务。

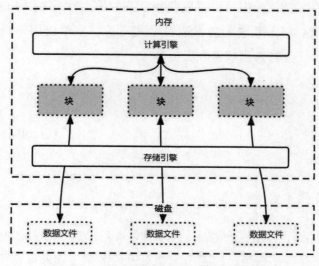

图 3-2　ClickHouse 组件交互示意图

3.2　ClickHouse 的核心抽象

数据在 ClickHouse 内存中的抽象是整个系统正常运行的基础，本节将向读者介绍 ClickHouse 的一些核心抽象，这些核心抽象共同构成了 ClickHouse。

3.2.1　列和字段

ClickHouse 是一个面向列存的数据仓库，在 ClickHouse 内部没有行的抽象，大部分情况下是将列当作整体进行处理，极少数情况是获取整列中的某一个特定的数据。这两种情况对应了 ClickHouse 核心抽象中的列和字段两种类型。

ClickHouse 中的列（IColumn）事实上是一个数组，存储某一列的一个或多个数据。ClickHouse 会将列中的数据当成整体进行处理，而不是将列中的数据一行一行地处理，这是 ClickHouse 查询速度快的一个原因。

除此之外，列是不可变的，任何对列的操作都会产生一个全新的对象。不可变的语义使得某些对列的操作可以并行处理，从而充分利用多核处理器。

通过列内置的"[]"操作符，可以获取该列的第 N 个字段（Field），字段表示列中的某个独立的值。基于数仓的特性以及性能考虑，字段仅用于极少数情况。通常情况下，ClickHouse 会将列当成整体去处理。

3.2.2 数据类型

ClickHouse 支持超过 100 种数据类型，表 3-1 展示了 ClickHouse 支持的可被直接使用的数据类型。

数据类型的作用主要体现在以下三方面。

❑ 数据类型决定了数据在内存中的布局形式。在 ClickHouse 中，内存对齐的数据类型只保存数据数组，内存中无法对齐的数据还额外保存了一个用于定界的 offset 数组。

❑ 数据类型决定了数据可以进行的运算方式。不同的数据类型可以参与不同的计算过程；特定的计算函数则需要特定的数据类型。ClickHouse 通过其丰富的类型系统实现了诸如时间日期、地理信息系统的相关计算、IP 计算等多种功能强大的内置计算程序。

❑ 数据类型决定了数据持久化到磁盘上时数据文件的序列化和反序列化的方式。

图 3-3 展示了 ClickHouse 部分数据类型在内存中的布局方式，由于内存对齐的数据类型在存储时不需要额外存储数据的边界，在计算时也不需要额外处理数据边界，因此内存对齐的数据具有更高的存储与计算效率。同时为了避免浪费内存空间，ClickHouse 也将一些数据类型进行了细化，例如整型在 Java 中只有 Int 和 Long 两种，而在 ClickHouse 中被细化为 12 种，这种设计充分考虑了大数据场景下的性能，同时也对使用者提出了更高的要求，使用者必须正确使用数据类型，否则可能造成内存浪费、查询缓慢等问题。

表 3-1　ClickHouse 支持的可被直接使用的数据类型

类型名	别名	类型说明	内存对齐
UInt8	INT1 UNSIGNED, TINYINT UNSIGNED		1 字节
UInt16	SMALLINT UNSIGNED		2 字节
UInt32	INTEGER UNSIGNED, INT UNSIGNED, MEDIUMINT UNSIGNED		4 字节
UInt64	BIGINT UNSIGNED		8 字节
UInt128, UInt256	—	整型	16 字节, 32 字节
Int8	BOOL, TINYINT SIGNED, INT1 SIGNED, BOOLEAN, INT1, TINYINT, BYTE		1 字节
Int16	SMALLINT, SMALLINT SIGNED		2 字节
Int32	INTEGER SIGNED, INT SIGNED, MEDIUMINT, INTEGER, INT, MEDIUMINT SIGNED		4 字节
Int64	BIGINT SIGNED, BIGINT		8 字节
Int128, Int256	—		16 字节, 32 字节
Float32	SINGLE, FLOAT, REAL	浮点型	4 字节
Float64	DOUBLE PRECISION, DOUBLE		8 字节
String	NATIONAL CHAR VARYING, BINARY VARYING, NCHAR LARGE OBJECT, NATIONAL CHARACTER VARYING, NATIONAL CHARACTER LARGE OBJECT, NATIONAL CHARACTER, NATIONAL CHAR, CHARACTER VARYING, LONGBLOB, MEDIUMTEXT, TEXT, TINYBLOB, VARCHAR2, CHARACTER LARGE OBJECT, LONGTEXT, NVARCHAR, VARCHAR, CHAR VARYING, MEDIUMBLOB, NCHAR, CHAR, TINYTEXT, CLOB, NCHAR VARYING, BINARY LARGE OBJECT, BYTEA, CHAR LARGE OBJECT, CHARACTER, BLOB	字符串	—
FixedString(N)	BINARY	定长字符串	N 字节对齐

（续）

类型名	别名	类型说明	内存对齐
Decimal(P,S)、Decimal32(S)、Decimal64(S)、Decimal128(S)、Decimal256(S)	FIXED、NUMERIC、DEC	精准十进制数	Decimal(P,S) 的内存对齐依据 P 而定 $1 \leq P \leq 9$ 等价于 Decimal32(S)，即 4 字节对齐 $10 \leq P \leq 18$ 等价于 Decimal64(S)，即 8 字节对齐 $19 \leq P \leq 38$ 等价于 Decimal128(S)，即 16 字节对齐 $39 \leq P \leq 76$ 等价于 Decimal256(S)，即 32 字节对齐
UUID	—	UUID	16 字节
Date、Date32	—	日期	2 字节、4 字节
Datetime、Datetime64	TIMESTAMP 等价于 Datetime		4 字节、8 字节
Polygon、MultiPolygon、Ring、Point	—	地理信息类型	—
Enum	ENUM	枚举类型	存储为 Int8 或 Int16，即 1 字节或 2 字节对齐
Array	—	集合类型	—
Nested	—		—
Tuple	—		—
Map	—		—
IPv4	—	域类型	底层存储为 UInt8，即 4 字节对齐
IPv6	—		底层存储为 FixedString(16)，即 16 字节对齐

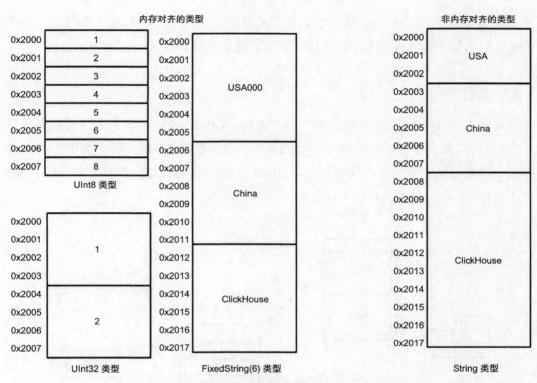

图 3-3　ClickHouse 部分数据类型内存对齐示意图

　　并不是所有的数据类型都可以在内存中对齐，例如 String、Array、Map 等。内存对齐的数据也有一些缺点。图 3-3 中展示了一个 FixedString(6) 的例子，FixedString(6) 以 6 字节进行对齐，如果数据小于 6 字节，会在内存中通过补 0 的方式扩充到 6 字节。而数据大于 6 字节时，会被强制截短，造成数据丢失。即使对齐的数据可以提高性能，用户也需要考虑数据截短对计算结果造成的影响，多数情况下，数据准确性的优先级应当大于性能。

　　除了表 3-1 中的类型，ClickHouse 在运算中还会产生一些中间结果，这些中间结果可能是不同的数据类型，这些数据类型不能在建表时创建，只能在 SQL 语句中作为中间结果使用，也不能保存到数据表中，这些类型是 IntervalSecond、IntervalYear、IntervalQuarter、IntervalMonth、IntervalDay、IntervalHour、IntervalMinute、IntervalWeek。

数据类型是 ClickHouse 进行数据处理的基础，ClickHouse 引以为傲的强大的向量化计算引擎在很大程度上依赖于这套丰富的数据类型系统。

3.2.3 块

块是 ClickHouse 进行数据处理的基本单位。ClickHouse 以块为单位对数据进行计算。图 3-4 展示了块的内存布局。在内存中，块由数据区（Data）的索引区（Index）组成，数据区由列紧密地堆叠而成，索引区存储数据区中列的索引，记录了列名、列的顺序等信息。

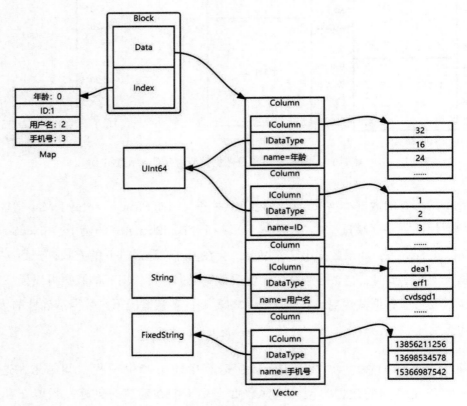

图 3-4　块内存布局示意图

块是 ClickHouse 进行计算的基本单位，ClickHouse 中的查询操作本质上是对块的各种操作。块是一个聚合对象，在其内部聚合了 IColumn 代表的数据、列索引、列名、数据类型等信息。除此之外，块还内置了一些对数据的操作。可以说，块中包含了所有参与计算的必要信息，块中的任何一个对象都无法独立完成数据的各种操作。

3.2.4　表

ClickHouse 中的表（Table）是一个非常重要的概念，表是一组不同的列按照规则构成的。在 ClickHouse 的设计中，表在实质上对应了表引擎，通过指定，可以选择不同的表引擎。表 3-2 展示了 ClickHouse 支持的表引擎，其中最出名的是 MergeTree 存储引擎家族。可以说，ClickHouse 的优势有一大半都来自 MergeTree，MergeTree 通过精妙的存储引擎设计，实现了 2.1 节提到的所有优点。MergeTree 存储引擎的详细架构会在第 4 章进行介绍。

表 3-2　ClickHouse 支持的表引擎

表引擎	特点	适用场景
MergeTree	• 最经典的表引擎 • 查询快 • 不支持修改	OLAP
ReplacingMergeTree	自动替换相同主键数据	去重场景
SummingMergeTree	自动对数据进行汇总	不关心明细数据，只关注汇总结果的场景
AggregatingMergeTree	自动对数据进行聚合	—
Log	存储小规模日志	小规模日志
Memory	保存在内存中	小规模数据
Buffer	• 缓存 • 按照配置自动保存到物理表中	缓冲数据，避免产生对 MergeTree 的压力
Hive	外部表引擎	直接在 ClickHouse 中对 Hive 进行查询
HDFS	外部表引擎	将 HDFS 作为存储引擎的存储地址，可以实现数据文件写入 HDFS 和直接从 HDFS 读取文件
S3	外部表引擎	将 S3 作为存储引擎的存储地址，可以实现数据文件写入 S3 和直接从 S3 读取文件。适合存储与计算分离的场景
MySQL	外部表引擎	直接在 ClickHouse 中对 MySQL 进行查询
JDBC	外部表引擎	直接在 ClickHouse 中对 JDBC 协议的数据库进行查询

在表引擎之外，ClickHouse 还支持多种存储引擎，表 3-3 展示了 ClickHouse 支持的存储引擎。表引擎决定了数据表中的数据如何以文件的形式保存，包括数据的组织形式、文件的组织形式等。而存储引擎则决定了表引擎中数据文件的存储位置，是保存到本地磁盘，还是保存到远程文件存储服务中。简单说，表引擎决定了数据的逻辑组成，存储引擎决定了文件的保存位置。

表 3-3　ClickHouse 支持的存储引擎

存储引擎	特性	说明
本地存储引擎	本地硬盘存储，支持机械硬盘、固态硬盘、RAID 等	支持 POSIX（Portable Operating System Interface，可移植操作系统接口）协议，所有兼容 POSIX 协议的中间件（例如 JuiceFS）都可以通过本地存储引擎实现与 ClickHouse 的集成
S3	AWS S3 服务，支持将数据文件保存到 S3 上	所有兼容 S3 协议的云存储都可以使用该存储引擎实现与 ClickHouse 的集成
HDFS	兼容 Hadoop 生态，支持将数据文件保存到 HDFS 上	—
Web	直接从 Web 服务器上读取数据文件	只读引擎，只支持查询操作

ClickHouse 对本地存储引擎的支持最好，其他的存储引擎在实际使用时也比较少，只是起到一些辅助的作用。本书主要基于本地存储引擎进行分析和讲解，除非特别说明，否则不再区分表引擎和存储引擎，两个术语均指代保存在本地磁盘上的表引擎。

ClickHouse 也支持外部表引擎。ClickHouse 的 MergeTree 引擎将数据按照 ClickHouse 的文件布局并保存到本地磁盘上。而通过一些外部表引擎，可以将数据文件保存到 S3、HDFS 等外部网络存储中。一些外部表引擎可以实现直接在 ClickHouse 中对其他类型的数据库进行查询，甚至可以实现数据混查，即部分数据在 ClickHouse 中，部分数据在外部数据库中，通过一条 SQL 语句在 ClickHouse 中直接查询两种数据库，从而实现联邦查询的效果。

特别介绍一下 S3 表引擎。S3 表引擎可以将数据直接保存到 Amazon S3 对象存储中。除此之外，由于 S3 协议已经成为对象存储协议的事实标准，各个云服务商的对象存储服务或者开源的对象存储软件都兼容 S3 协议，因此基于 S3 表引擎可以实现存算分离架构。存算分离架构将在第 10 章进行详细介绍。

3.3　ClickHouse 的运作过程

3.2 节介绍了 ClickHouse 的一些核心抽象，这些核心抽象共同构成了 ClickHouse 运作过程中的基本对象。本节将基于上述对象对 ClickHouse 的几个运作过程进行简单分析，介绍这些对象互相协作最终完成 ClickHouse 的各种动作机制。

3.3.1　数据插入过程

图 3-5 展示了 ClickHouse 的数据插入过程。ClickHouse 会在计算引擎中通过编译优化将 SQL 语句转换成 QueryPipeline 对象，交给调度器执行。在 QueryPipeline 中也保存了计算引擎格式化过的块数据，块对象会随着 QueryPipeline 一起传递到存储引擎中，最后存储引擎会将块中的数据保存到对应的数据文件中。

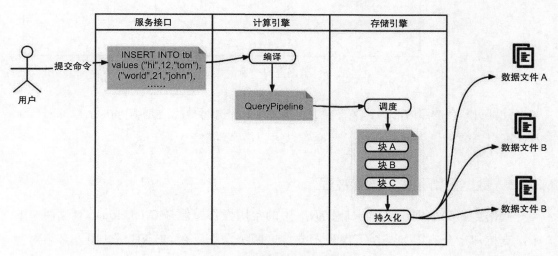

图 3-5　数据插入过程示意图

3.3.2　数据查询过程

图 3-6 展示了 ClickHouse 的数据查询过程。用户提交的查询任务会在计算引擎中编译优化为 QueryPipeline，QueryPipeline 由多个转换器（Transformer）组成，每个转换器都有其独特的功能。有些转换器可以操作存储引擎，从存储引擎中将数据

读取为块对象到内存中，供后续转换器使用；有些转换器可以对块对象进行操作，实现过滤、转换、聚合等各种操作。

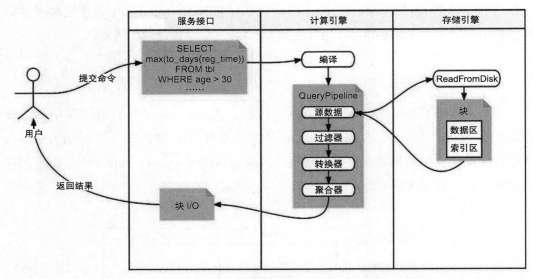

图 3-6　数据查询过程示意图

计算引擎会按照内部的算法，确定这些转化器是并行执行还是串行执行。ClickHouse的计算引擎会尽可能地并行执行转换器以达到最高性能。

3.3.3　数据更新和数据删除过程

数据更新和数据删除操作是数据库中的常用操作，但是 ClickHouse 对这两个的操作支持却十分有限，甚至可以说不支持这两个操作。在 ClickHouse 中，必须对整个数据块进行重建才能实现 UPDATE 和 DELETE 操作，属于非常耗费资源的操作，因此官方不建议用户频繁使用。这是 ClickHouse 存储引擎的设计决定的，第 4 章将对存储引擎进行解析，对这一问题进行详细的分析。

也许是为了提醒用户注意，ClickHouse 官方在设计语法时修改了 ANSI SQL标准中的语法 alter table [db.]table UPDATE/DELETE，新的语法鲜明地展示了ClickHouse 官方将数据更新和数据删除操作定义为表结构的修改而不是数据的变更。

图 3-7 展示了 UPDATE、DELETE 语句在 ClickHouse 中的执行过程。

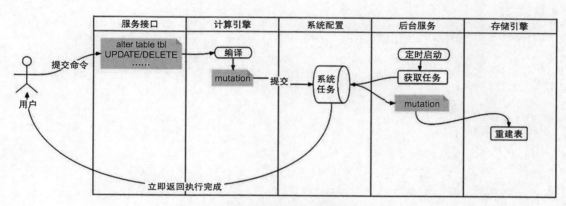

图 3-7　数据更新和数据删除过程示意图

ClickHouse 的解析器在收到 UPDATE 或 DELETE 语句时，会创建一个异步任务，同时立即返回执行完成。需要注意的是，此时数据并未完成更新或删除，而是会在未来的某个时刻由 ClickHouse 的后台进程完成数据表的重建。

3.4　本章小结

本章首先介绍了 ClickHouse 的整体架构，并对 ClickHouse 中的一些重要的抽象对象进行了分析。然后此基础上，结合数据库的几个常用的操作，介绍了这些抽象对象的运作机制。通过本章的介绍，读者应该能够对 ClickHouse 的基础架构有一个基本的认识。

第 4 章 Chapter 4

MergeTree 存储引擎架构

存储引擎是 ClickHouse 非常重要的一个组件。ClickHouse 查询速度快的特点是建立在其设计精妙的存储引擎之上的。甚至可以极端地认为，没有对存储引擎的精妙设计，就不会有 ClickHouse。

在 ClickHouse 之前，绝大多数大数据技术都是将存储引擎和计算引擎独立设计的。例如 MapReduce 计算引擎 +HDFS 存储引擎、Spark 计算引擎 +HDFS 存储引擎……这些大数据技术都在计算引擎上通过各种令人拍案叫绝的创新实现快速突破。

直到 ClickHouse 的出现。ClickHouse 通过协同改造存储引擎和计算引擎，实现了两个引擎的精妙配合，最终达到了如今令人惊艳的查询性能，形成了大数据业界独树一帜的"存储为计算服务"设计理念。本章将对 ClickHouse 存储引擎的结构进行分析。

ClickHouse 存储引擎的核心在于 MergeTree 表引擎。由于 ClickHouse 存储引擎的性能都来源于 MergeTree 表引擎，因此本章将着重对 ClickHouse 的 MergeTree 表引擎进行介绍。

4.1 MergeTree 存储引擎的三大特点

ClickHouse 中 MergeTree 存储引擎区别于其他数据存储引擎的关键设计理念是存储服务于计算。MergeTree 存储引擎中的数据组织形式、堆放方式、压缩方式都是为计算引擎特殊设计的。反观 Spark+HDFS 等大数据技术，其设计理念都是存储先于计算，即存储独立于计算引擎设计，计算引擎基于现有的存储进行适配优化。

1. 三级数据组织

MergeTree 按照 3 个层级组织数据及数据文件，分别是数据库、数据表、数据分区。数据库由一个或多个数据表组成，数据表由一个或多个数据分区组成。数据只能被放到数据分区内，如果用户没有明确指定分区，则数据存储于默认名为 all 的分区。

2. 数据不可变

MergeTree 中的数据一旦写入，就不能再修改。有人认为因为 ClickHouse 的不可变原则导致了 ClickHouse 不支持修改数据。这个理解是片面的，因为除了 ClickHouse，很多数据库都遵循不可变原则，例如 MySQL、PostgreSQL 等。很明显，这些事务数据库是支持数据修改的，修改的方法就是新增一条高版本的数据，在逻辑上覆盖低版本的数据，本质上是新增而不是修改，因此不可变原则并不是 ClickHouse 不支持修改的原因。

不可变原则在 ClickHouse 中的作用是避免数据出现竞争，从而提高并发能力。如果数据可变，那么在进行数据变动时，必须对其他进程加锁，这就出现了竞争，从而导致并发度下降，性能降低。事实上，在大部分数据库甚至是大部分并发程序的设计中，不可变原则都是为了提高并发性能而提出的。

3. 密集堆放

数据在内存和文件中都被密集堆放，应尽可能减少控制信息，以降低磁盘 I/O、内存占用，提高查询速度。

4.2　MergeTree 的数据组织

本节介绍 MergeTree 的数据组织方式。数据组织主要描述用户保存的数据是如何在数据文件中保存的。以 CSV（Comma-Separated Values，逗号分隔值）文件为例，CSV 是一种数据组织方式，CSV 文件标准要求每一行数据按照换行符 "\n" 分割，每行以逗号 "," 分割每一列，每个数据元素以字符串的形式直接写入文件。CSV 文件实际上不支持复杂的数据格式。

数据组织是存储引擎的基础，相同的数据可以以不同的数据组织形式写入数据文件。不同的数据组织形式会带来不同的效果，例如在数据的写入速度、读取速度、检索速度、事务能力等多个方面直接影响着上层计算引擎的功能及运作效率。

4.2.1　块

块是 ClickHouse 中数据处理的最小单位。为了提高数据吞吐，ClickHouse 会将一组数据进行一次处理，以充分利用现代 CPU 的 SIMD 指令集带来的高性能能力。块的大小默认为 8192 行，即 ClickHouse 一次性处理 8192 行数据。块的大小通过 index_granularity 属性设置。块的结构可以参考 3.2.3 节。

4.2.2　数据堆放方式

数据的堆放方式描述了多个数据元素的聚合方式。任何一个数据库都不是由单个元素组成的，数据堆放方式是数据组织中不可或缺的一部分。ClickHouse 是列数据库，其存储到磁盘上的数据是按列聚集的，不同的列会存储在不同的数据文件中，因此在 ClickHouse 中只需要考虑数据如何按行堆放。

数据类型决定了数据的堆放方式，可以分成两类：定长数据类型和变长数据类型。

1. 定长数据类型的堆放方式

定长数据类型在内存和文件中是首尾相接堆叠的，没有明显的定界符。定长数据类型的堆放方式类似于数组，从数组中获取第 n 个数据的公式如下。

$$Address(n)=Head+n \times Size$$

其中 Head 为首地址，Size 为元素的大小。

定长数据类型具备实现简单、随机取数效率高、空间利用率高、算法实现简单的优点，建议读者尽可能使用定长数据类型。在上述公式中，Head 需要在程序运行时动态获取；Size 则是一个常量，与数据结构和表配置有关，数据类型不同，其 Size 也不同。读者可以参考 3.2.2 节的内容来确定不同数据类型的堆放方式。

2. 变长数据类型的堆放方式

变长数据类型由于数据长度不确定，无法使用数据的寻址方式进行数据定位，因此相对于定长数据类型来说复杂一些。一般来说，对于变长数据类型有 3 种堆放方式。

❑ 使用固定的分隔符。
❑ 在另一个数组中记录每个元素的长度。
❑ 将数据写入额外的数据文件，在当前数据文件中记录定长的偏移量。

CSV 文件使用的是第一种方式，即每行以固定的换行符 "\n" 作为分割。这种堆放方式要求元素中不允许出现这个分隔符，例如 CSV 文件中使用了换行符，如果数据中也出现了换行符，就会导致数据发生错乱。这就要求用户慎重选择分隔符，在 Hive 中一般会选择 "\000" 作为分隔符，因为数据中不太可能出现 \000 的数据。这种使用固定分隔符的方式比较适合字符文本，可以通过将分隔符设置为不可见字符来避免数据错乱。然而对于二进制数据文件，固定分隔符更容易发生数据错乱，因此数据库一般不会使用第一种方式存储数据。

ClickHouse 使用第二种方式，其变长数据类型在内存中会维护两个数组：一个是存储数据的字节数组；另一个是存储元素长度的定界数组。这种方式比较复杂，需要通过两个数组才能正确地解析数据，但可以避免出现数据错乱。

也有部分事务数据库使用第三种方式。ClickHouse 如果使用第三种方式会带来更多的磁盘 I/O 操作，因此没有使用这种方式。第二种和第三种方式在本质上都是将一部分信息存储到额外的数据文件中。这会带来额外的计算开销，建议读者尽可能使用定长数据类型。对于变长的数据，可以仔细思考是否真的需要参与分析，如果非必要，可以将这类数据保存到文档数据库中。

3. 数据压缩

ClickHouse 将数据堆叠成块后，为了减少数据以节省磁盘空间，缩短数据的读取时间，会将数据进行压缩。数据压缩的本质是用算力换时间，ClickHouse 认为在大数据中影响查询速度的主要因素在磁盘 I/O 上，这导致 CPU 大量的时间都用来等待磁盘读取数据，CPU 很多情况下是闲置的。我们可以将闲置的 CPU 利用起来，利用 CPU 将数据压缩后写入磁盘，缩短数据写入和数据读取的 I/O 时间，从而起到加速查询的效果。

引入数据压缩，也带来了新的压缩和解压缩的时间消耗，并不是所有场景都适合将数据压缩后写入磁盘，具体可以参考 4.6.3 节的内容。ClickHouse 默认支持 3 种压缩方式：LZ4、LZ4HC、zstd。ClickHouse 默认使用 LZ4 压缩，可以通过配置文件的 <compression> 字段进行修改。

综上，ClickHouse 将多个数据堆叠成块，将块进行压缩，实现了数据组织。

4.3 MergeTree 的文件组织

4.2 节介绍了 MergeTree 中数据的组织形式，数据通过 MergeTree 引擎进行组织后，需要物化到文件中进行保存。本节将向读者介绍数据如何物化到文件中。另外，细心的读者也许已经意识到，MergeTree 并没有将元数据信息保存到块中。此时，单独保存块还不足以实现存储引擎的能力。例如，数据类型没有保存到块中，没有数据类型，也就无法解析块中的数据，无法获得详细的数据，需要额外的文件来保存元数据信息。这就是文件组织的职能。

文件组织描述了数据如何写入文件，数据和数据库、数据表、数据分区等逻辑概念的对应方式，也是存储引擎中不可缺少的重要概念。

在 MergeTree 中，数据库、数据表和数据分区都被物化为文件夹表示，数据由一组不同类型的文件组成。MergeTree 的文件组织形式如图 4-1 所示，本节将详细介绍 MergeTree 的文件组织形式。

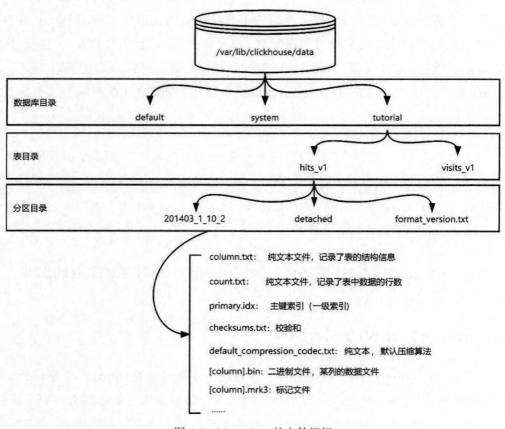

图 4-1　MergeTree 的文件组织

4.3.1　数据文件、元数据文件、索引文件和其他文件

MergeTree 的数据由 3 种文件组成，分别是数据（bin）文件、索引文件和标记文件。这 3 种文件是 MergeTree 进行读取和写入时不可缺少的文件，丢失任意一个文件，都会造成数据损坏，无法读取。除此之外，还有一些辅助文件用于校验、加速查询等功能，这类文件的丢失不会导致数据损坏，可以依据数据进行重建。

1. 数据文件

一系列块按照固定规则编码后堆叠到一起，共同构成 MergeTree 的数据文件。数据文件由一组后缀为 bin 的文件构成，是非自解析的，通过单独的数据文件可以获得块字节数据，但是无法对块数据进行解析。数据文件的结构如图 4-2 所示。

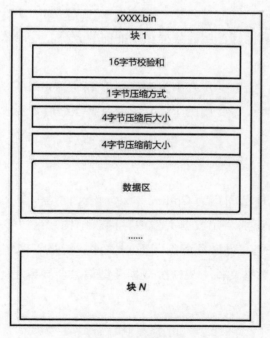

图 4-2　数据文件结构

数据文件使用小端字节序存储，以块为单位排列数据，每个块文件包含 16 字节

校验和、1 字节压缩方式、4 字节压缩后大小和 4 字节压缩前大小。每个块的起始地址由如下公式确定。

$$\text{offset}(n)=\text{offset}(n-1)+25 + 压缩后大小 \ (n \geqslant 2)$$

$$\text{offset}(1)=0$$

每个块在数据文件中被编码为 5 个区域。

- 校验和：校验和区域长度为 16 位，用于快速验证数据是否完整。
- 压缩方式：默认为 0x82。ClickHouse 支持 4 种压缩方式，分别为 LZ4(0x82)、ZSTD(0x90)、Multiple(0x91)、Delta(0x92)。
- 压缩后大小：存储在数据区的数据大小。需要依据此数值计算下一个块的偏移量。
- 压缩前大小：数据区存储的数据在压缩前的大小。可以依据此数值计算块中数据的压缩比。
- 数据区：用于存储数据，大小为头信息第 18 ～ 21 个字节表示的大小。数据区存储的压缩数据，需要按照压缩方式进行解压缩后才能识别。

2. 元数据文件

元数据文件的文件名固定为 Columns.txt。该文件是一个文本文件，未经任何编码，可以直接被人眼识别。元数据文件中存储表结构、字段数据类型、字段数据长度等元数据信息。数据文件必须配合元数据文件才能被正确解析，主要原因在于数据类型信息保存在元数据文件中，缺少数据类型信息会导致块无法被定界。

3. 索引文件

索引文件由索引和标记文件共同组成，分别对应 idx 和 mrk 后缀。MergeTree 索引的详细内容将在 4.4 节进行详细介绍。

索引文件参与计算引擎的查询过程，帮助计算引擎快速获得查询结果。

4. 其他文件

数据文件、元数据文件、索引文件共同构成了 MergeTree 数据文件的基础，这 3 种文件可以响应所有的查询请求。除此之外，还有一些文件用于实现额外的动作。

- ❏ checksums.txt：一个二进制文件，存储整个分区数据的校验和。用于快速校验数据是否被篡改。
- ❏ count.txt：文本文件，存储该分区下的行数，可以用文本编辑器打开。在执行 select count() from xxx 命令时，会直接返回该文件的内容，而不需要遍历数据。
- ❏ default_compression_codec.txt：ClickHouse 新版本增加的一个文件，该文件是一个文本文件，存储了数据文件中使用的压缩编码器。ClickHouse 提供了多种压缩算法供用户选择，默认使用 LZ4。

4.3.2　分区

分区是按照用户指定方式整合的一个数据的逻辑组合。分区在大数据系统中非常常见，通过分区可以帮助系统快速定位数据所在位置，避免发生遍历。这样的设置可以在一定程度上提高查询性能。同时，多个分区可以进行并发查询，进一步提高查询速度。

与其他大数据系统（例如 Hive）相比，ClickHouse 的分区是不同的。在 Hive 等大数据系统中使用分区可以加速查询，但是在 ClickHouse 上则不然。首先，由于 ClickHouse 的索引机制，导致分区带来的收益低于索引带来的收益，且两者带来的查询加速效应并不能叠加。大部分情况下用好 ClickHouse 的索引机制已经能够获得很好的查询性能。其次，分区的并发效应在 ClickHouse 上用处不大，由于 ClickHouse 更倾向于单机完成数据查询，单机查询时磁盘性能已经被少数的几个查询线程占满，因此区别于分布式的 Spark 等系统，在 ClickHouse 上的并发带来的加速效应远小于 ClickHouse 索引的加速效应，分区带来的并发加速效果被大大削弱，在 ClickHouse 上使用分区并不能获得很好的收益。甚至，过多的分区会导致查询时打开的文件描述符过多，反而拖慢系统查询速度。

分区在 ClickHouse 上的意义更多在于对数据的管理，通过分区可以方便地对数据进行管理，而不是加速查询。因此，不要试图使用分区来优化查询。正如 ClickHouse 官方说明中提到的：大部分情况下，您并不需要分区。

任何架构都不是万能的，其特性在某些特定场景下可能会失效。正如分区的设计，虽然在 Spark、Hive 等分布式数仓中是一个明显提高性能的手段，但是对于 ClickHouse 来说，这种加速手段反而有可能成为减速的罪魁祸首。

分区目录下的文件和子目录的含义如表 4-1 所示。

表 4-1 分区目录下的文件和子目录的含义

目录名	类型	说明
201403_1_10_2	目录	分区目录，一张表中有一个或多个分区目录
detached	目录	通过 DETACH 语句卸载后的表分区存放位置
format_version.txt	文本文件	纯文本，记录存储的格式

分区目录的格式为分区 ID_ 最小数据块编号 _ 最大数据块编号 _ 层级。在本例中，分区 ID 是 201403，最小数据块编号是 1，最大数据库编号是 10，层级是 2。数据块编号从 1 开始自增，新创建的数据库最大和最小编号相同，当发生合并时会将其修改为合并的数据块编号。同时每次合并都会将层级增加 1。

分区 ID 由用户在创建表时指定，允许用户创建多个分区键，每个分区键之间用"-"相连。在本例中只使用了一个分区键，即时间字段，按照年、月分区。分区的好处在于提高并发度和加速部分查询。

4.3.3 数据库和表

ClickHouse 中的数据库和表都被组织为文件夹。每个数据库都会在 ClickHouse 的 data 目录中创建一个子目录，ClickHouse 默认携带 default 和 system 两个数据库。

顾名思义，default 就是默认数据库，system 是存储 ClickHouse 服务器相关信息的数据库，例如连接数、资源占用等。

图 4-1 是按照官方提供的入门教程导入数据后，数据目录的文件列表。可以看到，在 tutorial 文件夹中，建立了两个子目录，每个子目录为一张数据表。进入 hits_v1 目录后又能看到两个子目录和一个文本文件。

4.4　索引

索引机制是 ClickHouse 查询速度快的一个很重要的原因，本节将分析 ClickHouse 的索引机制及运作过程。

4.4.1　主键索引

ClickHouse 的主键索引记录每个块的首个值，这些数据存储于 primary.idx 文件。ClickHouse 会在数据插入时通过 LSM（Log Structured Merge，日志结构）算法保证数据写入磁盘后按照用户定义的顺序排列。通过这种预排序技术，ClickHouse 的索引不需要像事务数据库一样通过复杂的 B+ 树实现。

主键索引的本质是存储了每个块中数据的最小值，从而快速定位所需数据所在的块，可以仅通过主键索引确定数据到块的映射关系。简单来说，给定一个数据，通过主键索引能够快速计算出这个数据所在的块，从而避免遍历整个数据集。

4.4.2　标记

主键索引并不能单独实现快速查找目标。原因在于，一级索引只实现了数据到块的映射，但块所在的位置并没有保存在主键索引中，而是保存在了标记文件中。也就是说，标记文件存储了块到文件偏移量的映射。

通过索引文件和标记文件，才能共同确定一个数据所在的文件位置。在查询时，首先通过索引确认数据所在的块，然后依据标记确认块所在的物理地址，最后通过物理地址从硬盘上读取数据。索引机制也是 ClickHouse 查询速度快的一个很重要的因素，其核心逻辑是通过索引降低需要读取的数据量，从而减少磁盘 I/O 时间，达到加速查询的效果。

4.5 与事务数据库存储引擎的对比

ClickHouse 存储引擎针对大数据量的查询场景进行了充分的优化，这些优化成为 ClickHouse 在大数据量下实现快速查询的基础。本节将 ClickHouse 的存储引擎与事务数据库的存储引擎进行对比，列出 5 个主要的不同点。

对比两个实体不同的意义在于可以相互借鉴，从而取长补短。本节列出了 5 个特殊点，其特殊之处在于两种类型的数据库无法互相借鉴以实现对方的优势。这 5 个不同点的根源是面向的不同场景决定的，互相借鉴反而会导致完成不了主场景的工作。

1. 基本单位

ClickHouse 存储引擎操作的最小单位是块。块的大小一般在 64KB~1MB 之间。ClickHouse 通过一次性操作整个块以提高 I/O 效率。

事务数据库操作的基本单位是页，大小一般为 4KB 或 8KB。事务数据库将对行的操作记录到内存页中，定期以页为单位写入磁盘，以提高 I/O 效率。

2. 数据顺序

ClickHouse 会对数据按照表结构进行排序并写入存储设备。事务数据库则按照事务的先后顺序写入存储设备。

3. 索引方式

事务数据库默认使用 B+ 树建立稠密索引，将索引进行排序后以实现更快的范围查询。而 ClickHouse 使用稀疏索引，且数据在写入时已经完成了排序，足以支撑快速的范围查询，因此不需要使用 B+ 树。

4. 控制信息

控制信息是数据文件中辅助实际数据进行存储的控制信息，包括但不限于定界符、校验和、元数据、定位信息等。ClickHouse 在整个数据文件中的控制信息比例非常小，以 UInt8 类型的数据文件为例，一个块约为 64KB，对应 25 位控制信息，控制信息只占所有数据量的 0.038%。和 PostgreSQL 的数据文件相比，8KB 的页面对应至少 28 字节的控制信息，比例约为 0.34%。二者相比，至少存在 10 倍的差距。

这种极致的控制信息比例，体现了 ClickHouse 解决大数据问题的世界观。由于 ClickHouse 认为在大数据场景中，处理单条数据的意义不大，因此在设计存储格式时，直接抛弃了对单条数据的定位信息，这也导致了在 ClickHouse 中进行点查是一个非常不明智的决定。而事务数据库则必须应对这种点查操作，因此必须快速、精准地定位到记录位置，这也导致了事务数据库的数据文件中存储了大量的定位信息。

5. 压缩

MergeTree 将数据压缩后写入存储设备，而事务数据库则不然。详细分析可以参考 4.6.3 节的内容。

为什么 MergeTree 存储引擎与事务数据库存储引擎会产生上述区别呢？本质原因在于目的不同，导致两者面对的瓶颈不同。MergeTree 应对的是海量数据的分析与计算，实现这个目标的瓶颈在于磁盘 I/O，因此需要花费更多的精力在降低磁盘 I/O 上。而事务数据库应对事务，需要符合 ACID 特性，因此存储引擎的设计更加倾向于实现事务能力，实现事务的瓶颈在于事务间的协调，而不是磁盘 I/O。一般来说，事务数据库通过锁机制和 MVCC 实现原子性和隔离性，通过 WAL 机制实现持久性，通过完整性约束提供一致性保证。

简单说，面向事务的数据瓶颈来自事务间的协调。分析型数据库由于抛弃事务的支持，瓶颈来自磁盘 I/O。

4.6 存储引擎如何影响查询速度

ClickHouse 速度快的秘诀在于——利用存储引擎的特殊设计充分减少磁盘 I/O 对查询速度的影响。从用户提交一条 SQL 语句进行查询到最终输出结果的过程中，大量的时间是消耗在了磁盘 I/O 上，在很多情况下，I/O 所占用的时间可以达到总耗时的 90% 以上。对存储引擎磁盘 I/O 进行优化可以获得非常大的收益。对 ClickHouse 存储引擎设计进行大幅优化的目的是减少磁盘 I/O。本节将从该视角对 ClickHouse 存储引擎的优化进行解读。

4.6.1 预排序

ClickHouse 与传统事务数据库还有一个不同之处是 ClickHouse 写入数据文件的数据是有序的，这就是本节要介绍的预排序：在将数据写入磁盘前进行排序，以保证数据在磁盘上有序。

预排序是数据库系统中广泛使用的技术，在实现范围查找时，可以将大量的随机读转换为顺序读，从而有效提高 I/O 效率，缩短范围查询时的 I/O 时间。在点查时，预排序能做到和未排序数据相同的性能。预排序可以在不降低点查性能的情况下，有效提高范围查询的性能。

另外，不难理解的是，预排序虽然提高了查询的性能，但同时也降低了写入的性能。由于预排序需要对数据在写入磁盘前进行排序，因此不可避免地增加了排序的时间，大幅降低了写入性能。该技术并没有被广泛使用到事务数据库上，事务数据库提高范围查询效率的手段是使用聚集索引和 B+ 树索引。

ClickHouse 使用修改过的 LSM 算法实现预排序。由于修改后 LSM 算法不再支持数据修改，因此降低了传统 LSM 算法的读放大效应，进一步缩短了磁盘 I/O 时间。

4.6.2 列存

列存数据库和行存数据库最根本的区别在于列存数据库将一行数据拆分到多个

数据文件中。在列存数据库中，由于同一列的所有数据都存储在同一个文件中，因此数据在硬盘上是连续的。这种特性特别适合 OLAP 的低范式查询场景。

低范式数据的特征是大宽表、数据冗余。列存数据库特别适合大宽表的存储，由于列存数据集按列聚集数据，因此表中列的增加不会带来额外的开销。同时，列存数据库也特别适合存储冗余数据。列存数据库将同一列数据聚集到了一起，因此冗余的数据可以被更有效地压缩，从而降低冗余数据的影响。列存数据库非常适合存储低范式数据，供计算引擎分析。

1.4.1 节详细说明了列存数据库对大数据查询的加速效应。通过列存数据库，可以在宽表的场景下有效降低读取的数据量，从而减少磁盘 I/O 时间。

4.6.3　压缩

ClickHouse 的另一个降低磁盘 I/O 的手段是压缩，压缩可以减少读取和写入的数据量，从而减少 I/O 时间。并不是所有场景都可以引入压缩的，很显然，压缩必然带来压缩和解压缩的 CPU 消耗，这是一个以 CPU 时间换 I/O 时间的手段。事务数据库大部分情况下是针对行的操作，因此如果对每一行都进行一次压缩解压缩，带来的时间消耗是远大于磁盘 I/O 时间的。这就是事务数据库没有使用压缩技术的原因。

而 ClickHouse 则不同，ClickHouse 的最小处理单元是块，块一般由 8192 行数据组成，ClickHouse 进行一次压缩针对的是 8192 行数据，这就极大降低了 CPU 的压缩和解压缩时间。同时，ClickHouse 是列存数据库，同一列的数据相对更有规律，因此能够带来比较大的压缩比。以笔者的实际使用经验来看，ClickHouse 通常能够实现 6 ～ 8 倍的压缩，直接将磁盘 I/O 时间降低为原来的 1/6。块 + 压缩在 ClickHouse 中成为一个非常关键的优化手段。

4.7　MergeTree 存储引擎的工作过程

4.1 ～ 4.6 节介绍了 MergeTree 存储引擎的结构、数据组织形式及索引，详细分析了存储引擎层面对大数据查询进行的针对性优化，并将其与事务数据库进行了简单的对比。本节就存储引擎所承担的几项主要职责出发，介绍 MergeTree 存储引擎的工作流程。

4.7.1 数据库、数据表的创建过程

ClickHouse 的数据库和数据表在 MergeTree 存储引擎中对应一个文件夹，当执行下列 SQL 语句时，本质上就是由 MergeTree 存储引擎在磁盘上的数据目录中创建一个对应的文件夹。

```
create database xxx;
-- 或
create table xxx ( xxx string …);
```

4.7.2 数据插入过程

当执行下列插入语句时，ClickHouse 服务会首先将数据转换为块交给 MergeTree 存储引擎，接着 MergeTree 存储引擎会在表所在的文件夹下创新一个新的分区文件夹，分区文件夹的命名规则可以参考 4.3.2 节的内容。

```
INSERT INTO [db.]table [(c1, c2, c3)] VALUES (v11, v12, v13), (v21, v22, v23), ...
```

运行后，按照 MergeTree 的文件组织原则在分区文件夹中创建对应的数据文件、元数据文件、索引文件和其他文件。

4.7.3 分区合并和删除过程

在介绍分区合并和删除过程之前，读者可以先阅读下列插入语句。下列代码和 4.7.2 节的代码在逻辑上实现的是相同的功能，都是在同一张表中插入 3 条相同的数据。但是，在 MergeTree 存储引擎中的处理方式是不同的。

```
INSERT INTO [db.]table [(c1, c2, c3)] VALUES (v11, v12, v13);
INSERT INTO [db.]table [(c1, c2, c3)] VALUES (v21, v22, v23);
INSERT INTO [db.]table [(c1, c2, c3)] VALUES (v31, v32, v33);
```

上述代码在 MergeTree 存储引擎中会被认为是 3 条插入语句，从而创建了 3 个独立的分区，因此需要在后续进行分区合并。

ClickHouse 中的分区进行细分后，存在两种分区：逻辑分区和物理分区。逻辑分区是按照用户建表时所设置的规则进行的分区，物理分区是 MergeTree 存储引擎在实现内部算法时，不可避免地对用户逻辑分区进行物理拆分而得到的分区。

一个优秀的存储引擎应当对上层用户隐藏物理分区的存在，事实上 MergeTree 存储引擎也尽力在完成这项工作。MergeTree 存储引擎会在后台自动对这些散碎的物理分区进行合并，从而消除物理分区带来的影响。合并分区是一个非常消耗资源的工作，因此无法实时完成，从而导致出现一个不一致的时间窗口。在这个不一致的时间窗口中进行查询，有可能出现数据分布在两个物理分区的情况，这时就需要用户自行处理，图 4-3 展示了这种情况。

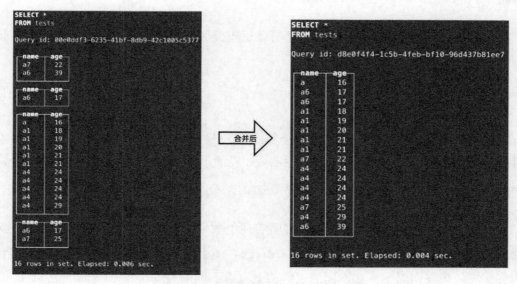

图 4-3 不一致的时间窗口带来的影响

出现物理分区是使用预排序技术的必然结果，无法避免。事实上，在 LSM 算法中，合并分区也的确是一个频繁且消耗资源的过程。在有些数据库中，物理分区还带来了读放大、空间放大的性能问题。这体现了架构没有银弹的原则，有优点就一定会带来一些缺陷，架构需要做取舍。MergeTree 通过限制对数据的修改，减少了传统 LSM 算法带来的读放大问题，降低了一些影响，但依然有一些系统瓶颈无法突破。

回到正题上，MergeTree 的分区合并指的是物理分区的合并。逻辑分区是按照用户规则进行划分的，MergeTree 不支持对逻辑分区进行合并。分区删除指的是对逻辑分区的删除，不支持对物理分区进行删除。读者应当理解其中的区别。分区合并是 MergeTree 引擎自行启动的，而分区删除是按照用户指令启动的，用户无法直接操作物理分区，只能通过控制逻辑分区，间接控制物理分区。

MergeTree 的分区合并过程是分别将两个分区的数据读取并存入内存，重新排序生成全新的物理分区再写入磁盘。旧的物理分区会在未来某个时间被 MergeTree 物理删除。这个过程体现了 MergeTree 的空间放大特性。

MergeTree 的分区删除，本质上是将该逻辑分区所涉及的物理分区的文件夹直接删除。

4.7.4　数据读取过程

MergeTree 引擎在读取数据时，会根据用户提供的查询条件，判断是否命中索引。如果命中了索引，MergeTree 会依据索引信息，跳过部分数据，只从硬盘中读取一部分数据，尽可能避免全表扫描这类耗时的操作。

MergeTree 引擎本质上是通过预排序实现了数据聚集，从而在某些情况下跳过大量数据，最终起到了查询加速的作用。MergeTree 引擎的查询加速效果与表结构密切相关，同一条查询语句，在不同的表结构上有着不同的表现。

表 4-2 展示了一个用户信息表，本节展示的例子均基于表 4-2 的结构，表 4-2 在本节以 "tbl 表" 代替。

表 4-2　用户信息表

id	sex	age	...
1	Male	27	
2	Female	33	
...			

下列代码展示了一个简单的查询语句，统计 tbl 表中性别为男性的用户的平均年龄。语句比较简单，很容易理解，MergeTree 的处理却比较复杂，查询性能的差距也非常大。主要差距在 tbl 表的设计中。

```
SELECT AVG(age) FROM tbl WHERE sex = 'Male';
```

1. sex 作为唯一排序键（主键）

使用下列 SQL 语句创建 tbl 表。在这种情况下，tbl 表中的 sex 列作为唯一的排序键，因此在磁盘上的数据已经按照 sex 键的形式做好了排序，此时 MergeTree 只需要依据主键索引和标记即可以最低的代价读取所有所需数据，且读取的数据都满足查询条件。

```
CREATE TABLE tbl
(
    id UInt64,
    sex String comment '性别',
    age int comment  '年龄'
)ENGINE = MergeTree()
ORDER BY sex;   -- sex 作为唯一的排序键（主键）
```

2. sex 作为联合排序键（主键）之一且在最左侧

使用下列 SQL 语句创建 tbl 表。在这种情况下，tbl 表中的 sex 列作为最左侧的排序键。由于 ClickHouse 也满足最左原则，所以下列 SQL 语句的查询性能接近 sex 作为唯一排序键（主键）时的性能。

```
CREATE TABLE tbl
(
    id UInt64,
    sex String comment '性别',
    age int comment  '年龄'
)ENGINE = MergeTree()
ORDER BY sex,age;    -- sex 作为最左侧的排序键（主键）
```

3. sex 作为联合排序键（主键）之一且不在最左侧

使用下列 SQL 语句创建 tbl 表。在这种情况下，tbl 表中的 sex 列作为排序键之一且不在最左侧，需要依据主键左侧列和 sex 列的数据分布进行判断，是一个不确定的场景。最好的情况是左侧主键和 sex 存在很强的相关性，此时性能接近于 sex 作为联合排序键（主键）之一且在最左侧的情况。最差的情况是完全独立的两个列，且 sex 分布于每一个块中，此时会触发全表扫描，性能接近于未将 sex 作为排序键的情况。

```
CREATE TABLE tbl
(
    id UInt64,
    sex String comment '性别',
    age int comment  '年龄'
)ENGINE = MergeTree()
ORDER BY age,sex;    -- sex 作为排序键（主键）之一且不在最左侧
```

4. sex 不属于排序键（主键）

使用下列 SQL 语句创建 tbl 表。在这种情况下，sex 不属于任何排序键，会触发全表扫描，是性能最差的情况。可能需要将全部的 sex 和 age 数据都从磁盘中读取到内存中，触发了大量的磁盘 I/O。

当数据都载入内存后，ClickHouse 会对这些数据进行 avg 函数的计算，得到最终的结果。这个过程已经不属于存储引擎的职能了，会在第 5 章进行讲解。

```
CREATE TABLE tbl
(
    id UInt64,
```

```
    sex String comment '性别',
    age int comment  '年龄'
)ENGINE = MergeTree()
ORDER BY age;  -- sex 不属于排序键 (主键)
```

综上，在 MergeTree 存储引擎中，同一条 SQL 语句在不同的表结构下可以出现不同的查询效果，这也意味着表结构和 SQL 语句是高度相关的，不同的 SQL 语句在同一张表上的查询速度可能相差很大。因此，当出现不同的数据需求时，为了同时达到最快的速度，可能需要读者创建两张表结构不同但数据相同的镜像表，以保证不同的查询任务都能获得最优的速度。下列代码分别创建了两张不同主键的表，以应对不同的查询任务。

```
    -- 创建以 sex 作为排序键的表
CREATE TABLE tbl_sex
(
    id UInt64,
    sex String comment '性别',
    age int comment  '年龄'
)ENGINE = MergeTree()
ORDER BY sex;

-- 创建以 age 作为排序键的表
CREATE TABLE tbl_age
(
    id UInt64,
    sex String comment '性别',
    age int comment  '年龄'
)ENGINE = MergeTree()
ORDER BY age;

-- 对 tbl_sex 进行基于 sex 的查询
SELECT avg(age) from tbl_sex where sex = 'Male';

-- 对 tbl_age 进行基于 age 的查询
SELECT count(sex) from tbl_age where age < 18 group by sex;
```

4.8 本章小结

本章介绍了 MergeTree 存储引擎的设计原则——存储服务于计算，并详细介绍了 MergeTree 存储引擎的设计，分析了 MergeTree 是如何提高计算性能的，以及 MergeTree 存储引擎在常见的 SQL 语句下是如何运作的。

本章还对 MergeTree 存储引擎和事务数据库的存储引擎进行了简单的对比，并简单分析了两者出现这些区别的原因。

MergeTree 存储引擎的读取性能非常依赖表结构、数据分布、索引等信息，非常容易出现两极分化的现象，读者必须深刻理解 MergeTree 存储引擎的底层架构，才能依据业务需求设计出良好的表结构，从而获得最优的查询性能。ClickHouse 存储引擎达到最优查询性能的前提如下：

❑ 使用 MergeTree 表引擎。
❑ 按照业务需求，正确设置数据表的排序键，查询时须满足最左原则。

第 5 章 *Chapter 5*

ClickHouse 计算引擎架构

相比较于存储引擎的精妙设计，ClickHouse 的计算引擎一直是一个争议非常大的话题。对 ClickHouse 计算引擎的各种评价都有，两极分化很严重。有人认为 ClickHouse 计算引擎的向量化设计得巧夺天工，也有很多人认为 ClickHouse 的计算引擎缺乏优化和对分布式的支持，就是个半成品。这些对 ClickHouse 计算引擎的评价都在一定程度上反映了 ClickHouse 计算引擎的某些方面，如果从这些方面来看待 ClickHouse 的计算引擎，难免陷入盲人摸象的状态。

本章介绍 ClickHouse 计算引擎的架构，以及 ClickHouse 的向量化计算引擎与传统事务数据库的火山引擎之间的区别。相信读者从整体了解 ClickHouse 计算引擎后，应当能够客观地得出自己对 ClickHouse 计算引擎的评价。

5.1　ClickHouse 计算引擎的架构简介与设计思想

ClickHouse 计算引擎和一般数据库的计算引擎在整体架构上并没有太大的不同，目的都是将描述性的 SQL 语句转化为可以执行的物理计划并获得执行结果，ClickHouse 将物理计划称为查询流水线（QueryPipeline）。本节从架构层对 ClickHouse 的计算引擎进行介绍。

5.1.1 整体架构

ClickHouse 计算引擎整体架构如图 5-1 所示，由三部分组成：SQL 解析器 （Parser）、解释器（Interpreter）、执行器（PipelineExecutor）。其中 SQL 解析器负责将 用户输入的 SQL 语句解析为抽象语法树（Abstract Syntax Tree，AST），解释器负责 将 AST 进行编译并通过规则优化生成查询流水线，执行器负责根据查询流水线运行 并得出最终的结果。

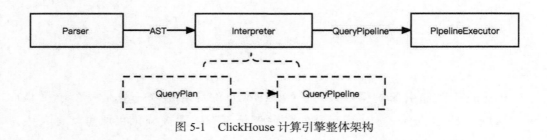

图 5-1　ClickHouse 计算引擎整体架构

ClickHouse 计算引擎整体架构是按照火山引擎的模式进行设计的，将 SQL 语句转 化为可以被执行的处理单元（Processor）的集合，由执行器执行。向量化引擎和火山引 擎最大的不同点在于 ClickHouse 的处理单元的设计是面向向量的，而传统事务数据库 是面向行的。图 5-1 中，构成 QueryPipeline 的处理单元不同，导致 ClickHouse 计算引 擎和传统的火山模型的不同。这也是 ClickHouse 向量化引擎的由来。

5.1.2 SQL 解析器

ClickHouse 的 SQL 解析器是纯人工手写的，并没有使用其他数据库普遍采用的 lex+yacc，或者 flex+bison 的开源方案。也正是由于这样的操作，ClickHouse 引发了 一些争议。

客观来说，纯人工手写的 SQL 解析器的确有可能会引起一些稳定性方面的隐患，需要进行充分的测试。而事实上，对最终性能产生的影响其实是很小的。无论是手写方案还是开源方案，SQL 解析器的目的只是将 SQL 语句转换为 AST。这个过程所消耗的时间在整个查询中可以忽略不计。手写的 SQL 解析器并不会成为 ClickHouse 性能上的影响因素。

5.1.3　解释器

解释器在数据库的 SQL 执行过程中起着承上启下的作用，接收 SQL 解析器输入的 AST，之后对 AST 进行等价变形等优化操作，最终输出可以被执行的查询流水线。ClickHouse 中的解释器实际上承担了优化器的职能。在传统数据库中，优化器的地位非常高，优化器可以在很大程度上影响数据库的查询性能，而 ClickHouse 中的优化器性能却非常弱。一般数据库有两阶段优化：逻辑优化和物理优化。ClickHouse 只有逻辑优化，没有物理优化。这也使 ClickHouse 获得了很大的争议。

逻辑优化是基于关系代数等价理论找出 SQL 语句的等价变换的形式，使得 SQL 执行性能更高。ClickHouse 中实现的逻辑优化主要是基于规则进行优化，常用的手段有谓词下推、count 优化、消除重复字段等。

物理优化是利用基于成本的优化器（Cost-Based Optimizer，CBO），对 SQL 语句的所有可能的扫描路径或连接路径进行遍历，找出代价最小的执行路径。ClickHouse 并没有实现 CBO。客观上讲，ClickHouse 没有实现 CBO 的确会给查询性能带来一定的影响，甚至直接导致查询失败。

本书并不是介绍 SQL 优化的，不会对这些优化手段进行详细介绍。读者如果有兴趣，可以参考 SQL 优化器领域的书，比如机械工业出版社的《数据库高效优化：架构、规范与 SQL 技巧》《数据库查询优化器的艺术：原理解析与 SQL 性能优化》以及电子工业出版社的《PostgreSQL 技术内幕：查询优化深度探索》。

5.1.4　执行器

当解释器生成查询流水线后，ClickHouse 就可以开始依据物理计划进行 SQL 查询了。ClickHouse 通过执行器对查询流水线进行处理，最终获得结果即为用户提交的 SQL 语句的执行结果。

ClickHouse 使用的是对火山模型进行改造之后的向量化引擎。ClickHouse 的高性能来自向量化引擎。向量化引擎的核心在于查询流水线的编排方式，火山模型和向量化模型的本质区别在于 SQL 语句的编排方式。ClickHouse 的高性能和执行器关系不大，这也使得 ClickHouse 的执行器比较简单，仅仅是基于查询流水线中编排的顺序进行顺序执行并返回结果。

向量化引擎是 ClickHouse 实现高性能的重要手段，5.3 节会进行详细介绍。

5.1.5　设计思想

第 3 章已经对 ClickHouse 架构的设计思想进行了说明，ClickHouse 在设计之初就明确自身的架构设计目标——充分发挥单机能力的 OLAP 引擎。ClickHouse 的计算引擎非常鲜明地体现了这个设计目标。

1. 充分利用现代 CPU 特性

ClickHouse 通过向量化引擎，充分利用了现代 CPU 提供的 SIMD 能力，从而享受了现代 CPU 提供的硬件加速能力。

2. 充分发挥单机优势

ClickHouse 的分布式表相较于 Hadoop 生态的数据仓库来说是非常弱的。ClickHouse 中的分布式表只是物理单机表的代理，并不真正存储数据，数据依然存储在单机表中。这使得 ClickHouse 计算引擎在对分布式表进行处理时，实际上是在对单机表进行操作，可以充分发挥单机表的优势。但对于数据量庞大的大表，ClickHouse 的计算引擎也会力不从心。

ClickHouse 的计算引擎将大量的精力放在了向量化引擎上，利用向量化引擎充分发挥现代 CPU 的能力，从而将单机性能压榨到了极致。ClickHouse 的计算引擎在分布式上的性能比较弱，尤其是在遇到大表连接（Join）操作的时候，ClickHouse 经常会执行失败。但这并不妨碍 ClickHouse 在单机计算引擎领域做出的出色尝试，社区也在积极对 ClickHouse 的分布式性能进行改造，目前 ClickHouse 计算引擎无代价优化器、分布式表支持弱的缺点，在未来是可以得到解决的。目前用户需要深入了解 ClickHouse 计算引擎的特性，从而避开 ClickHouse 计算引擎的短板，充分利用 ClickHouse 单机 OLAP 能力强的优势。

5.2　火山模型

ClickHouse 的向量化引擎是基于标准火山模型进行的调整。

5.2.1　火山模型概述

火山模型也被称为迭代器模型，于 1994 年由 Goetz Graefe 提出。目前，大部分数据库、数据仓库、计算引擎在实现 SQL 执行时使用的都是火山模型。

图 5-2 展示了一段 SQL 语句对应的火山模型，用到了 3 种不同的操作符（也称为算子），表 5-1 展示了这 3 种算子对应的操作。扫描（Scan）节点负责从磁盘中读取所有 member 表的数据并交给过滤（Select）节点。过滤节点负责过滤出满足 isVip=1 条件的数据并交给投影（Project）节点。投影节点负责将表中 birthday 列的数据筛选出来，再按照用户提供的计算公式计算出 Age 并返回给用户。最终实现了图 5-2 中 SQL 语句的查询。这里需要读者注意区别过滤和投影，过滤指的是按行筛选，投影指的是按列筛选。

当用户提交图 5-2 中的 SQL 语句进行查询时，计算引擎会将 SQL 转换为图 5-2 中的火山模型，然后调用根节点（即投影节点）的 next 方法。根节点执行 next 方法时，会先调用自身子节点（即过滤节点）的 next 方法，而过滤节点的 next 方法又会再次调用子节点（即扫描节点）的 next 方法，直到扫描节点成为叶子节点时再返回数据。

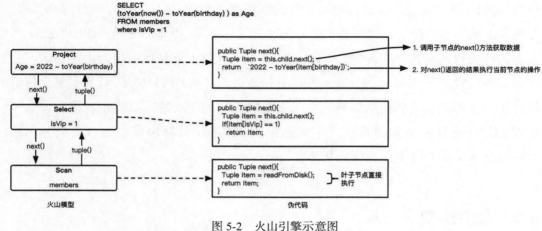

图 5-2　火山引擎示意图

表 5-1　操作符说明

名称	对应 SQL 语句	说明
Project（投影）	select (toYear(now()) - toYear(birthday)) as Age	投影操作将表中的数据按列筛选
Select（过滤）	where isVip = 1	别名为 Filter，实现数据按行筛选
Scan（扫描）	from members	从磁盘中读取对应数据

5.2.2　火山模型的原理

火山模型将 SQL 语句中的每一个操作都实现为一个迭代器。每个迭代器都有一个 next 方法，返回一个元组（Tuple）。以图 5-2 为例，图中 3 种算子在代码实现层面都会生成一个迭代器。以过滤操作为例，过滤操作在火山引擎中表现为一个 Select（也称为 Filter）迭代器，在其 next 方法中进行条件判断，筛选出满足条件的行，生成元组并交给上层处理。

除了图 5-2 中的例子之外，其他 SQL 语句的算子也是按照这种方式实现的。例如 Join 操作，在火山引擎中表现为一个 Join 迭代器，在其 next 方法中实现 Join 操作的各种算法，返回元组，供上层进一步操作。再如 OrderBy 操作，在火山引擎中也会表现为一个 OrderBy 迭代器，在其 next 方法中将输入的数据按照规则进行排序，并向上输出元组供上层使用。

火山模型堆叠简单的节点，每个节点调用子节点的 next 方法并获取子节点的输出数据，对子节点的输出数据执行自身的逻辑后返回。通过这种自顶而下的递归调用，数据得以自底向上流过每一个节点，同时在流经每个节点时附加该节点的特殊操作，最终完成 SQL 查询。

5.2.3 火山模型的优点与缺点

1. 火山模型的优点

由于火山模型通过堆叠不同节点的方式实现能力，因此在实现火山引擎时只需要实现有限数量的计算节点，且每个节点只需要实现单一的简单功能，即可完成模型的构建。

以 ClickHouse 为例，ClickHouse 在实现火山模型时，将转换节点都放在了 src/Processors/Transforms/ 中，约有五十个 transform 类。区区 50 个类，通过不同的堆叠方式即可实现近乎无限的复杂 SQL 操作。

2. 火山模型的缺点

由于火山模型通过堆叠不同的计算节点实现 SQL 操作，这也可能导致堆叠的层数过多。而火山模型在执行时通过自顶而下的递归实现，因此火山模型可能出现大量的递归操作，从而降低查询性能。而编译模型则可以避免这个缺陷，代价就是实现和维护困难。

5.3 向量化引擎

ClickHouse 实现的向量化引擎是在火山模型的基础上进行的改动。业界也有一些公司利用编译模型重写了 ClickHouse 的向量化引擎，但并未开源。本书中的观点、推论都是基于 ClickHouse 官方开源版本中的向量化引擎进行的。

5.3.1 向量化引擎的实现方式

图 5-3 展示了一条 SQL 语句经过解析后在不同类型的计算引擎中生成的不同的物理计划。标准火山引擎和向量化引擎最大的不同在于每个操作节点返回的类型不同。标准火山引擎返回的是由行组成的元组，每个元组由不同的列组成；而向量化引擎返回的是由单独列组成的数组（由于也被称为列向量，因此被称为向量化引擎）。

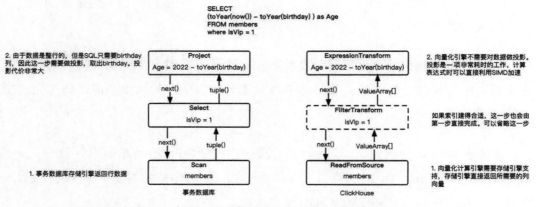

图 5-3　标准火山引擎和向量化引擎生成的物理计划

在使用向量化引擎时，由于返回的是列向量，因此将投影操作直接下推到了扫描阶段，在第一步扫描阶段直接返回 birthday 列。最终，该 SQL 语句的执行顺序如下。

1）通过读取数据源（ReadFromSource）节点直接获得 birthday 列向量。

2）通过过滤转换（FilterTransform）节点筛选出满足 isVip=1 的数据。

3）通过表达式转换（ExpressionTransform）节点计算出 Age。

在每个操作节点返回的都是向量的基础上，操作节点中的计算使用向量化的计算指令代替传统的循环。对于简单的加减计算节点，编译器会自动进行 SIMD 的优化。对于一些复杂的操作，例如排序、JSON 解析、正则匹配等操作节点，需要人工编写 SIMD 的算法。ClickHouse 中引用了大量支持 SIMD 的开源库，可以用这些开源库代替传统的实现算法。表 5-2 列出了部分 ClickHouse 使用的支持 SIMD 的开源库。

表 5-2　部分 ClickHouse 使用的支持 SIMD 的开源库

名称	用途	开源协议
CRoaring	位图（bitmap）的实现	Apache 2.0
fastops	指数（exp）函数、对数（log）函数、S 曲线（sigmoid）函数、双曲正切（tanh）函数的 SIMD 实现	MIT
Hyperscan	快速正则匹配	BSD
libdivide	快速除法	zlib License
RapidJSON	快速 JSON 解析	MIT
simdjson	快速大型 JSON 解析	Apache 2.0
zlib-ng	zlib 的 SIMD 实现	zlib License

　　相对于传统的火山引擎，将投影操作下推到底层可以在表中列的数量比较多的场景下获得很高的性能。另外，向量化引擎可以使用向量化的算法进行计算，充分利用 CPU 并行计算的特性，实现计算加速。

5.3.2　ClickHouse 中的向量化算子

　　ClickHouse 中实现向量化引擎的核心在于使用向量化算法替换原有的算法，相关代码在 src/Functions 文件夹中。向量化引擎的实现难度在于火山模型，实现火山模型之后再进行向量化改造的难度不大。

```
#if USE_FASTOPS
struct Impl
{ // 省略部分代码
    template <typename T> static void execute(const T * src, size_t size,
        T * dst)
    {
        NFastOps::Tanh<>(src, size, dst); // 1）使用 fastops 库中的向量化算法
    }
};
// 省略部分代码
#else
double tanh(double x){
    return 2 / (1.0 + exp(-2 * x)) - 1; // 2）原始算法
    }
    #endif
```

　　上述代码展示了一段 ClickHouse 源码，可以看出，实现向量化引擎只需要

将 // 2) 中的原始算法，替换为 // 1) 中的向量化算法。向量化算法可以使用第三方开源库，也可以自行开发。ClickHouse 中有很多由开发者自行实现的 SIMD 算法，src/Columns/ColumnsCommon.cpp 中就有大量的向量化算法的实现。

5.3.3 向量化引擎的前提

SIMD 是现代 CPU 普遍提供的高级加速能力，理论上传统事务数据库完全可以利用该能力对计算进行加速。或者说，理论上事务数据库完全可以使用向量化计算引擎实现加速。

事务数据库在有些场景下的确可以用向量化引擎进行性能优化。例如在处理 JSON 类型的字段时，如果单条记录的 JSON 数据量比较大，完全可以使用 ClickHouse 中的 simdjson 或者 RapidJSON 进行 SIMD 加速。在对大文本类型（blob 或 text）进行正则表达式匹配时，也完全可以使用 Hyperscan 进行 SIMD 加速。这些优化动作最多算是性能优化，并不属于向量化引擎。这些动作都只解决了单条记录中的大字段性能问题，真正的向量化引擎应该能够实现一次处理多行数据的优化。

强行对事务数据库进行向量化引擎的改造也是可以实现的，图 5-4 展示了一个事务数据库改造向量化引擎的案例，通过在投影后增加一个表达式计算的算子实现向量化支持。

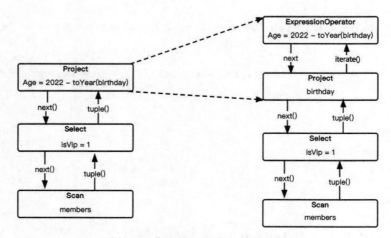

图 5-4　火山模型改造向量化引擎

这么做的意义不大,因为投影消耗的时间很长,完全可以将表达式计算摊销到每次投影的过程中。相较于投影带来的时间消耗,表达式计算的时间几乎可以忽略不计。

事实上,所有的事务数据库都没有在主流版本中加入向量化支持,核心原因是应用向量化引擎是有前提条件的。

1. 存储引擎支持

存储引擎支持是向量化引擎的基础,向量化引擎产生效果的前提是存储引擎返回的数据是按列聚集的。否则,后续对数据的计算完全可以摊销到每次投影,即使强行做了向量化操作,节省的时间相比于投影带来的时间消耗也是微不足道的。对于行存的存储引擎来说,设计向量化的计算引擎没有必要。除非事务数据库能够抛弃传统的行存存储引擎,改用列存储引擎。按列存储的存储引擎在应对事务时会带来更多的额外工作,导致事务的性能急剧下降,由于事务数据库又必须实现事务,因此事务数据库并没有在主流版本中增加向量化引擎的支持。

ClickHouse 的底层存储引擎是按列存储的,在此基础上,ClickHouse 计算引擎才可以利用 CPU 提供的向量化指令集实现硬件加速。这也体现了 ClickHouse 存储服务于计算的理念。

2. 硬件支持

除了存储引擎的支持之外,向量化引擎还需要硬件的支持,主要是 CPU 的支持。向量化引擎的本质是利用 CPU 提供的高性能计算指令集实现硬件加速,其加速主体还在于 CPU 本身,软件只起到组织的作用,即将数据按照硬件要求组织好,然后交给硬件处理。

3. 软件支持

这里的软件特指编译器和向量化算法。编译器会自动将符合向量化优化的操作编译为特殊的 SIMD 指令。对于复杂的、编译器无法自动优化的计算，需要依靠程序员按照不同 CPU 的 SIMD 编程规范手动编写算法。GitHub 上有很多优秀的支持 SIMD 的开源库，在 ClickHouse 的开发过程中也大量使用了这些开源的软件库。

5.4 计算引擎如何影响查询速度

不同于存储引擎的设计，ClickHouse 的计算引擎在很多方面都有很大的争议：一方面，向量化引擎的精妙设计让人拍案叫绝；另一方面，相对粗糙的 SQL 解析器和优化（解释）器也让 ClickHouse 在执行某些操作时让用户咬牙切齿。

5.4.1 ClickHouse 查询速度快的前提

在正式进入本节内容之前，我们首先需要明确一个前提：ClickHouse 不是在所有场景下都能获得很强性能的。因此，需要先分析 ClickHouse 在满足哪些前提下才能获得最强的查询性能。需要特别说明的是，本节分析的主题是计算引擎，只讨论由于计算引擎设计导致的查询性能的高低。有一部分查询性能差是由存储引擎带来的，这部分原因不会在本节分析。

ClickHouse 计算引擎最精妙的地方在于向量化引擎，那么 ClickHouse 在有些场景下由于计算引擎使得查询速度快，肯定是因为向量化引擎的加持。而 ClickHouse 在有些场景下查询速度慢则是因为计算引擎缺乏代价优化器。基于这两个逻辑，我们可以分析出 ClickHouse 查询速度快的前提。

1. 大量使用向量化运算

ClickHouse 提供了很多内置函数，在使用这些内置函数时会自动进行向量化优化。建议读者尽可能使用 ClickHouse 提供的内置函数进行计算，而不是自己写 SQL 语句。下面展示错误的 SQL 写法以及正确的写法。

```
SELECT (2/(1.0 + exp(-2 * x))-1) as tanh_x …    // 错误的写法
SELECT tanh(x) as tanh_x …    // 正确的写法，直接使用 ClickHouse 的内置函数
```

读者在编写 SQL 代码时应查阅文档，仔细了解 ClickHouse 提供的各种函数，尽可能使用 ClickHouse 提供的丰富的内置函数来实现业务。表 5-3 列出了部分 ClickHouse 在底层使用的向量化函数。

表 5-3　部分 ClickHouse 在底层使用的向量化函数

函数名	用途	备注
tanh	双曲正切	错误写法：$2/(1.0 + \exp(-2 * x))-1$
exp	e^n	
sigmoid	S 函数	
log	对数	
round	取整函数	包含向下取整函数、向上取整函数等
bitmap	位图函数	包含位图的其他函数

2. 查询语句中没有使用 Join 子句，或尽可能少地使用 Join 操作

ClickHouse 没有代价优化器，在使用 Join 操作时会出现内存不足的情况，导致查询失败。Join 操作的性能问题其实并不是只有 ClickHouse 才会遇到，任何数据库在遇到大表 Join 操作时都有可能导致查询时间暴增。

大数据中的 Spark 计算引擎对 Join 操作做了非常多的优化，借助其强大的 CBO 实现了 Join 算法的自动选择，还在此基础上通过 AQE（Adaptive Query Execution，自适应查询引擎）解决了大表 Join 操作时数据倾斜的性能问题。

正是由于没有实现 CBO，ClickHouse 在实现 Join 操作时选择的余地很少。尤其是使用分布式大表 Join 操作时，ClickHouse 只实现了广播连接（Broadcast Join）算法，极大地降低了 ClickHouse 的 Join 能力。

在使用 ClickHouse 时，应当尽可能避免 Join 操作。由于 Join 操作在 ODS 层建模的过程中大量存在，因此 ClickHouse 在设计良好的 DW 层上运行向量化查询的性能最高。读者应该尽可能避免将 ClickHouse 用于 ODS 层的建模工作中。当数据量大时，这类建模工作还是尽可能下推到 Spark 上进行。

5.4.2 ClickHouse 查询速度快的本质

ClickHouse 在满足 5.4.1 节提到的两个前提条件时，在不考虑存储引擎影响的情况下，应当能够在计算引擎上达到最佳的性能。ClickHouse 计算引擎快的本质是利用了 CPU 提供的硬件加速特性。

除此之外，ClickHouse 客观上的确在一些环节存在问题，个人认为这些问题和 ClickHouse 的定位有关。ClickHouse 在设计之初就有清晰的定位——充分发挥单机性能的 OLAP 引擎。在此基础上，分布式的 Join 能力其实并不重要，毕竟业界已经有 Spark 了，完全可以将 ClickHouse 建立在 Spark 之上，由 Spark 解决建模问题，由 ClickHouse DW 层强大的分析能力实现 OLAP。

作为用户，我们应该了解 ClickHouse 速度快的前提，有意识地避开 ClickHouse 的雷区，不要将 ClickHouse 用于其不擅长的场景。正如此时此刻，大家都意识到了 MySQL 无法解决大数据量的 OLAP 问题，这类问题要通过专业的 OLAP 引擎解决。

开源社区要的并不是什么能力都有、但都不强的平庸的软件，而是百花齐放、各自有着各自擅长的领域的产品，通过组合实现架构上的合力。以上仅代表个人观点，如果读者有不同意见，欢迎与我探讨。

5.5 本章小结

本章分析了 ClickHouse 计算引擎的架构实现。在满足一定前提的条件下，ClickHouse 可以在计算引擎层面达到性能最优的状态。本章也对 ClickHouse 存在的一些争议点进行了回应。通过本章的学习，读者应当能够理解 ClickHouse 计算引擎的实现原理，大体了解 ClickHouse 的适用场景。

第 6 章 *Chapter 6*

ClickHouse 与其他数仓架构的对比

第 1 ～ 5 章对 ClickHouse 的存储引擎和计算引擎进行了分析，并介绍了 ClickHouse 速度快的前提条件。本章挑选 3 个在 ClickHouse 大规模应用之前用作数据仓库的开源技术，与 ClickHouse 进行对比，通过对比帮助读者理解 ClickHouse 速度快的原因。

在正式开始分析前，需要读者理解：数据文件的组织会影响查询的性能。按行存储的数据相比于按列存储的数据在分析时相对更慢。

6.1 ClickHouse 与 Hive 的对比

Hive 是 Hadoop 生态系统中事实上的数据仓库标准。Hive 是建立在 Hadoop 生态中的数据仓库中间件，其本身并不提供存储与计算能力。Hive 的存储引擎使用 HDFS，计算引擎使用 MapReduce 或 Spark。

Hive 本质上是一个元数据管理平台，通过对存储于 HDFS 上的数据文件附加元数据，赋予 HDFS 上的文件以数据库表的语义，并对外提供统一的 Hive SQL 接口，将用户提交的 SQL 语句翻译为对应的 MapReduce 程序或 Hive 程序，交给相应的计算引擎执行。

由于 MapReduce 计算模型本身存在的缺陷，因此目前一般情况下会将 Hive 结合 Spark 使用。本节主要对比 Hive + Spark 与 ClickHouse 的区别。

6.1.1 Hive 的数据文件

由于 Hive 本身并不存储数据，而是为 HDFS 上的文件赋予数据库表列的语义，保存对应的元数据供查询时使用，因此 Hive 的数据文件存在多种类型。本节将对 Hive 常用的数据文件进行介绍。

1. textfile

textfile（文本文件）是 Hive 中默认的数据文件，是一类基于纯文本的数据文件格式。在大数据时代之前的 CSV、TSV（Tab-Separated Values，制表键分隔值）都属于该类文件。这类文件的特点如下。

- 按行存储，文件内的一个物理行对应数据表中的一行数据。
- 行内以特殊的符号分列。
- 纯文本保存，不需要特殊解编码器即可识别。
- 受限于纯文本表现力，复杂类型可能需要额外的信息才能正确解析（即单独的数据文件不足以保存所有信息），例如日期等。
- 默认情况下无压缩。

文本文件由于按行存储的特性，导致在 Spark 中是性能最差的一种数据文件格式。文本文件通常由业务侧的程序直接生成，且在业务侧被大量使用。Hive 在默认情况下使用文本文件作为数据文件的存储格式，保证这些文本文件在导入大数据系统后可以不用转换而直接被 Hive 识别和处理。

2. Apache ORC

Apache ORC（Optimized Row Columnar，优化行列式）是 Hive 中的一种列式存

储的数据文件格式，ORC 在 textfile 的基础上进行了大量的修改以优化大数据场景下的查询性能，ORC 的主要特点如下。

- ❑ 按列存储。
- ❑ 二进制存储，自描述。
- ❑ 包含稀疏索引。
- ❑ 支持数据压缩。
- ❑ 支持 ACID 事务。

（1）基本结构

图 6-1 展示了 ORC 的结构。ORC 文件由条带（Stripe）、脚注（File Footer）、附注（Postscript）组成。其中条带存储数据，数据在条带中压缩后按列聚集。

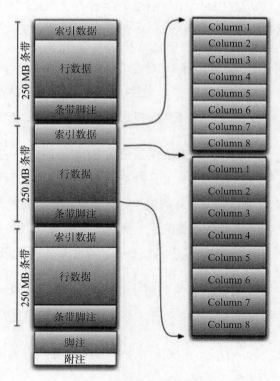

图 6-1　ORC 数据文件结构

条带大小默认为 250MB，每个条带仅包含整行数据，因此行永远不会跨越条带边界。脚注记录了数据表的元数据、条带的偏移量（offset）及长度、条带的统计信息、列的统计信息等。附注是未压缩的，记录了脚注的偏移量和长度、数据的压缩类型等用于解码的信息，由于附注的最后一个字节记录了附注的长度，因此附注必须小于或等于 255 字节。

在读取 ORC 文件时，首先根据最后一个字节读取附注长度，从而读取附注。然后依据附注的信息读取脚注。最后依据脚注的信息，读取对应的条带，即可获取原始数据。

（2）理解 ORC 格式

在理解 ORC 格式时，有两个重点需要读者深入理解。

❑ 条带是定长的，默认为 250MB，但是请读者务必不要使用默认值。
❑ ORC 的元数据等信息放置于尾部，一般数据库的数据文件都在头部。

理解这两点需要读者首先理解 ORC 是针对大数据 Hadoop 生态优化的，单个 ORC 数据文件既是单个文件，也是多个文件。ORC 在逻辑上是一个文件，但是写入 HDFS 存储时，HDFS 会将文件按照配置进行分块存储（默认为 128MB）。

ORC 这种定长条带的设计，可以确保条带和 HDFS 底层的块具备对齐的能力，充分提高读取效率。图 6-2 展示了 ORC 文件存储到 HDFS 上的几种可能情况，图 6-2 中（1）（2）（3）描述了块与条带大小对齐的情况，这 3 种情况都是性能很高的方式，且相比较而言（1）（2）的对齐方式效率更高，不会产生无效读取。图 6-2（4）展示了未对齐的情况，可以看出，条带在 HDFS 上跨块分布，会造成大量无效的 I/O。

元数据信息放在文件末尾很容易理解。由于元数据信息的大小不确定，因此如果放在文件头，会导致条带无法和块对齐，产生图 6-2（4）的情况，降低性能。

读者在使用 ORC 时，请不要直接使用条带的默认值，必须依据集群 HDFS 中块的大小和数据情况进行对齐。

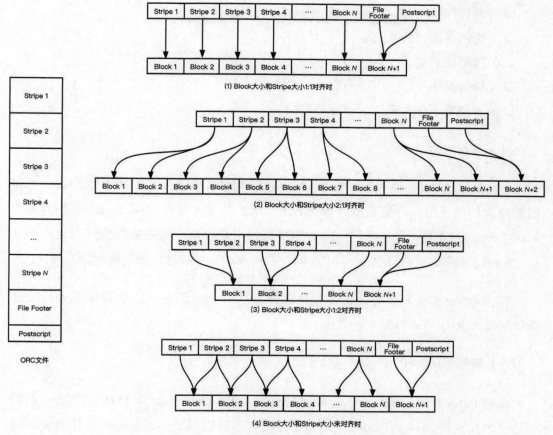

图 6-2 ORC 文件存储到 HDFS 上的几种可能情况

ORC 数据文件的设计和 ClickHouse 数据文件的设计有着非常大的差异，本质原因在于 ClickHouse 的数据文件是面向单机的，而 ORC 的数据文件则是针对大数据集群环境进行优化的。

3. Parquet

Hadoop Parquet 是 Hadoop 生态中的一种语言无关不与任何数据计算框架绑定的新型列式存储格式。Parquet 可以兼容多种计算框架和计算引擎，由于其优秀的兼容性，在生产中被大量使用。其主要特点如下。

❑ 按列存储。

❑ 二进制存储，自描述。

❑ 包含稀疏索引。

❑ 支持数据压缩。

❑ 语言独立、平台独立、计算框架独立。

（1）基本结构

Parquet 数据文件格式以"PAR1"固定的 4 字节模式开头，结尾以 Footer 加相同的魔数结尾，中间存储数据，如图 6-3 所示。数据区按照 Row Group 分块，每个 Row Group 存储不同数量的行，行数据按照列聚集存储，每列数据按照固定大小分页。Footer 中存储文件元数据，包含 Row Group 的统计信息、列的统计信息等。

在读取 Parquet 文件时，也是先从末尾读取 Footer 信息，然后依据 Footer 信息找到对应的 Row Group 并解析数据。

（2）理解 Parquet

理解 Parquet 格式的重点在于其独立性，这是区别 Parquet 和 ORC 的核心。如果不是这个独立性，其实 Parquet 和 ORC 并没有本质的不同，无非是两种数据文件的层级、编码压缩方式不同。Parquet 的独立性，是区别于 ORC 的重点。由于 Parquet 需要实现平台独立，因此很多 ORC 做的优化，并不适合 Parquet。

A. 定长的设计

ORC 的条带类似于 Parquet 的 Row Group，两者最大的区别在于条带是定长的，而 Row Group 是不定长的。另外，在 Parquet 格式中，文件头上的 4 字节魔数，会导致 Parquet 即使做了定长的设计也无法进行对齐。

定长的设计便于用户进行字节对齐，以提高读取效率，那么为何 Parquet 不这么设计呢？原因在于：字节对齐是针对 HDFS 的优化。

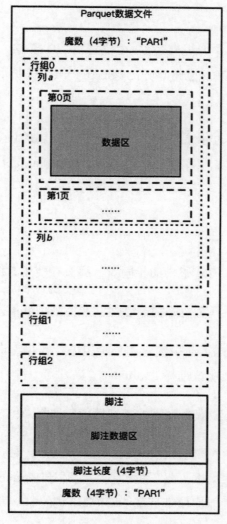

图 6-3 Parquet 数据文件格式

如果底层不是 HDFS，那么字节对齐就不会产生收益。由于 Parquet 要求平台独立，底层并不能绑定 HDFS 存储，因此在 Parquet 上进行定长的设计是没有意义的。更何况定长的设计可能导致碎片问题，如果底层存储不是 HDFS，定长的设计反而得不偿失。这也是 Impala 支持 Parquet 却不支持 ORC 的一个原因，因为 Impala 并不能从 ORC 的优化中获益。

B. 事务支持

在 ORC 的介绍中，作者提到过 ORC 支持 ACID 事务。由于单独的存储引擎是无法支撑事务的，因此 ORC 支持事务的核心在于虽然提供了事务的方案，但具体执行需要计算引擎的配合。

Parquet 是一个独立的存储格式，并不能绑定上层的计算引擎。在这种情况下，单独提出自己的事务方案，意义是不大的。与其说 Parquet 不能支持事务，不如说 Parquet 没有提供事务方案，需要计算引擎自行实现。

4. Parquet 与 ORC

Parquet 和 ORC 格式有着很多的相同点，那么在使用时应当如何选择呢？

（1）希望平台独立，具有更好的兼容性，选择 Parquet

Parquet 在设计时考虑了通用性，如果希望进行联邦查询或需要将数据文件交给其他计算引擎使用，那么应该选择 Parquet。

（2）数据量庞大，希望获得最强的查询性能，选择 ORC

ORC 针对 HDFS 进行了优化，当数据量非常庞大且对查询性能有要求时，务必选择 ORC 格式。ORC 在大数据量下的性能一定强于 Parquet，大量的实验证明了这一点。本书后续实现的性能比较都是基于 ORC 格式的 Hive。

ORC 的设计原则和 ClickHouse 类似，都是存储服务于计算的典范。这也体现了性能和通用性不可兼得的原则。再次强调，架构设计没有银弹，有得必有失，不要试图设计出各方面都优秀的架构，即使是 Parquet，也为了通用性放弃了性能。

6.1.2 Hive 的存储系统

Hive 本身不提供存储功能，其数据都存储于 HDFS（Hadoop Distribution File

System，Hadoop 分布式文件系统）中。HDFS 是大数据领域专用的分布式文件系统，专为处理大数据而设计，其设计原则如下。

❑ 高度容错，适合部署在廉价的机器上。
❑ 高吞吐的数据访问。
❑ 简单的一致性模型，一次写入、多次读取，不支持修改。
❑ 能够适应异构软硬件平台。

图 6-4 展示了 HDFS 架构的示意图。HDFS 是一个主从架构，由 1 个 Name Node 和多个 Data Node 组成。其中 Name Node 负责接收客户端请求，维护数据块（Block）到 Data Node 的映射，将实际的文件读写交给对应的 Data Node 实现。Data Node 负责数据的存储以及处理来自客户端的读写请求。

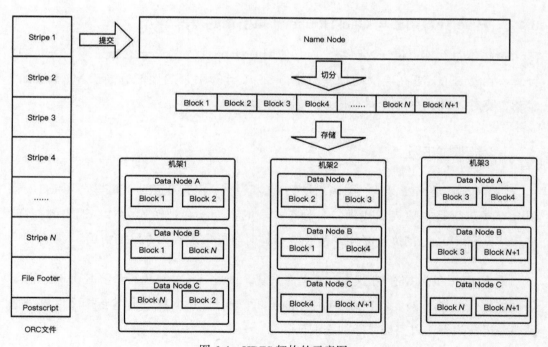

图 6-4　HDFS 架构的示意图

虽然 HDFS 提供了文件 API 供客户端使用，但实际上在 HDFS 内部，会将文件划分为一个或多个数据块。默认情况下，HDFS 会按照 128MB 对文件进行切块。通过对数据进行切块存储，使 HDFS 具备了处理超大型文件的能力。

为了实现高容错性和提高并发度，HDFS 默认情况下会将块存储 3 份。只要数据不同时丢失，HDFS 都可以保证数据可用性。另外，HDFS 还具备机架感知的能力，HDFS 会将 3 份数据中的两份放置同一机架的服务器上，最后一份放置于另一个机架的服务器，实现了机架局部性。既保证了可用性，也提高了性能。

在最新版本中，HDFS 支持 EC（Erasure Coding，纠删码）能力，可以在容忍一定数据丢失的情况下，将数据的 3 份副本进行适量放宽，例如 2.5 副本甚至 1.75 副本，提高了磁盘的利用率。纠删码只适合冷数据的存储，对于热数据，还是建议使用 3 份副本，以提高并发性。数据多副本并不仅是为了容错。

6.1.3 Hive 计算引擎与 ClickHouse 计算引擎的差异

Hive 本身并不提供计算引擎，而是使用 Hadoop 生态的 MapReduce 或 Spark 实现计算。由于 Spark 更高层次的抽象，使得 Spark 计算引擎的性能远高于 MapReduce。本章主要对比 Hive+Spark 与 ClickHouse 的差异。

1. 运行模式不同

ClickHouse 是 MPP 架构，强调充分发挥单机性能，没有真正的分布式表，ClickHouse 的分布式表只是本地表的代理，对分布式表的查询都会被转换为对本地表的查询。这导致 ClickHouse 在执行部分大表 Join 操作时可能出现资源不足的情况。

由于 Hive 的数据存储于分布式文件系统，因此 Spark 在执行计算任务时，需要依据数据分布进行调度。在必要时，Spark 可以通过 CBO 将数据重新排序后再分散到多台机器执行，以实现复杂的查询任务。

ClickHouse 适合简单的 DW 层之上的即席查询。而 Spark 由于其分布式特性，导致任务启动时间很长，因此不适合即席查询，但是对于大数据量的 Join 操作等复杂查询任务，Spark 具备非常大的优势。

2. 优化重点不同

ClickHouse 的优化重点在提高单机的处理能力，而 Spark 的优化重点在于提高分布式的协作效率。

6.1.4　ClickHouse 比 Hive 查询速度快的原因

需要再次强调的是，ClickHouse 只是在 DW 层即席查询场景下比 Hive 快，并没有在所有场景都比 Spark 快，详细的分析请参考第 5 章。本节对比的是，当 ClickHouse 和 Hive 都进行即席查询时，ClickHouse 比 Hive 快的原因。

1. 严格数据组织更适合做分析

ClickHouse 的数据组织相对于 Hive 更严格，需要用户在建表时指定排序键进行预排序。虽然 Hive 的 ORC 格式和 ClickHouse 的数据文件在一定程度上是等价的，但是 Hive 的 ORC 格式并不要求数据存储前进行预排序。

在预排序的情况下，数据在写入物理存储时已经按照一定的规律进行了聚集，在理想条件下可以大幅降低 I/O 时间，避免数据遍历。由于 Hive 的 ORC 格式在这一方面并没有严格要求，因此 ORC 的存储已经比 ClickHouse 消耗更多的 I/O 来遍历数据了，而 ClickHouse 还可以通过预排序数据和良好的索引，直接定位到对应的数据，更节省了大量的 I/O 时间。

2. 更简单的调度

ClickHouse 的目的是压榨单机性能，并没有实现分布式表，数据都在本地，这也使得 ClickHouse 不需要复杂的调度，直接在本机执行 SQL 语句即可。而 Hive 的数据都在 HDFS 上，在执行任务前需要依据数据分布确定更复杂的物理计划，然后将 Spark 程序调度到对应的 Data Node 上，调度的过程非常消耗时间。

6.2　ClickHouse 与 HBase 的对比

Apache HBase（Hadoop dataBase，Hadoop 数据库）是一个基于 HDFS 的、可伸缩的 Key-Value 数据库。HBase 的数据模型和 ClickHouse 有着本质的不同，本节将介绍两者由于数据模型的差异导致使用场景的不同。

在 Hadoop 时代，普遍使用 Hive 作为数据仓库，但 Hive 也有着天生的缺陷——高延迟。这导致 Hive 无法应对实时业务，在应对低延迟的业务时，通常会使用 HBase。

6.2.1　HBase 的数据模型

HBase 是一个 NoSQL 数据库，本质上是一个文档型数据库，和 ClickHouse 的关系模型不同，并没有数据库、数据表、关系等概念。正是数据模型的不同，导致 HBase 和 ClickHouse 虽然都能用于实时业务，但面向的细分场景存在区别。

HBase 中使用的是改进后的 Key-Value 模型，该模型的核心在于通过唯一的 Key 标识数据，对 Value 的结构没有强制要求，不像关系模型，要求同一个表的所有数据保持相同的结构。在 HBase 中，主要存在如下概念。

❑ Namespace：命名空间，表的集合，类似于关系模型中库或 Schema 的概念。

❑ Region：类似于关系模型中的表。和表不同的是，HBase 的 Region 对列没有一致的要求。

❑ Row：表中的一行数据，必须设置一个 Row Key。Row Key 类似于主键，Key-Value 模型中只能通过 Row Key 检索数据。

❑ Column：HBase 中的每个列都由 Column Family（列族）和 Column Qualifier（列限定符）进行限定。建表时，只须指明列族，而列限定符无须预先定义。

❑ Timestamp：用于标识数据的不同版本。

❑ Cell：单元格是行、列的组合，并包含一个值和一个时间戳。

6.2.2　HBase 的存储系统与 ClickHouse 的异同

1. 都使用 LSM 算法

ClickHouse 和 HBase 都使用了 LSM 算法实现预排序，但两者也存在一些区别。

ClickHouse 使用 LSM 算法单纯是为了预排序，且 ClickHouse 需要将不同分区的数据分散到对应的分区。ClickHouse 在实现 LSM 时，每个写入语句都会创建一个独立的子分区，由后台程序定期合并。

HBase 除了使用 LSM 算法实现预排序，由于 HBase 不存在分区的概念，因此 HBase 会将数据在内存中驻留，尽可能多地在一次磁盘写之前合并更多的随机写入操作，从而提高磁盘 I/O 的利用率。

2. HBase 使用了 HDFS

HBase 底层使用了 HDFS，使其具备大数据海量存储能力，而 ClickHouse 则倾向于单纯存储。

6.2.3　HBase 的适用场景及 ClickHouse 不适合的原因

HBase 有着独特的适用场景，而这些场景正好是 ClickHouse 所不适合的。

1. 海量明细数据的随机实时查询（点查）

HBase 底层使用 Key-Value 数据模型，具备非常强的点查能力，对于海量明细数据的随机查询有着天生的优势。但是 HBase 只有在依据 Row Key 进行精确点查时才能获得最大性能，如果依据列进行查找，性能会差好几个量级。

2. ClickHouse 无法应对点查的原因

ClickHouse 由于底层存储是以块为最小单位进行的，即使只查询一行数据也需要读取整个块，会带来大量的磁盘 I/O 的浪费，因此 ClickHouse 并不适合进行点查。

6.3 ClickHouse 与 Kylin 的对比

6.3.1 Kylin 的架构

图 6-5 展示了传统 Kylin 的架构。Kylin 用于解决 Hive 查询速度慢导致的无法支撑交互式查询的缺陷。Kylin 在架构中引入一个存储立方体（Cube）的 OLAP 引擎作为缓冲层，避免查询直接落到底层的 Hive 上。当用户进行查询时，Kylin 会自动判断用户查询的数据是否存在于充当缓存的 OLAP 引擎中，并自动将查询路由到缓存或 Hive 上，解决了 Hive 查询慢的问题。Kylin 的本质是一套缓存系统，需要用户事先依据业务规则定义缓存的内容。

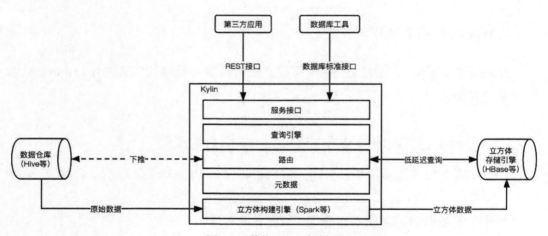

图 6-5　传统 Kylin 架构图

6.3.2 Kylin 解决性能问题的思路

Kylin 解决问题的核心是允许用户构建模型，在模型的基础上构建 Cube，依据 Cube 将结果计算完成并保存到 OLAP 数仓引擎中。使用时，通过查询 OLAP 引擎即可实时获取结果。当所需的结果不在 OLAP 中时，触发计算下推规则。计算下推是指将计算交给 Kylin 的底层计算引擎 Hive 执行。

Cube 是多维分析中的一个名词，Cube 映射到维度建模中指应用服务层。Kylin 使用的表、模型、立方体的概念，分别对应维度建模中的 ODS 层、DW 层、ADS 层。这些概念可以参考 1.1.6 节的内容。

6.3.3　Kylin 方案的缺陷

虽然 Kylin 可以解决部分场景下的 Hive 计算慢的问题，但该解决方案也存在着一些限制，主要体现在以下 3 个方面。

1. 触发计算下推时，查询速度降低

当所需的计算指标未命中 Cube 时，会触发 Kylin 的计算下推规则。由于计算下推的目的引擎是 Hive，而 Hive 引入 Kylin 的根本原因就是 Hive 计算速度慢，因此当触发计算下推规则时，实际上 Kylin 的优化已经失效，即整个系统退化成原始 Hive 架构。

2. 需要事前建模，无法响应临时的需求

Kylin 中 Cube 的构建过程需要通过计算速度慢的 Hive 实现，这导致无法实时构建 Cube，这带来了 Kylin 的使用限制——无法响应临时的需求。

3. 维度爆炸

维度爆炸指的是当维度达到一定数量级时，产生不同维度组合方式快速增长的现象。Kylin 解决 Hive 高延迟问题的核心思路是预计算，但预计算无法事先确定哪些维度组合可能会用到，可能需要穷举，由此带来了维度爆炸的问题。

6.3.4　ClickHouse 的方案

ClickHouse 通过强大的存储引擎和计算引擎，在某些场景下实现了实时响应用户的能力，由于没有使用预计算的方案，因此避开了 Kylin 的一些问题。在使用

ClickHouse 代替 Kylin 时，只需要将 Kylin 中构建模型的结果导入 ClickHouse，即可直接在 ClickHouse 上进行基于模型的多维分析。不再需要在 Kylin 中构建 Cube，以此获得了非常大的灵活性。

使用 ClickHouse 替代 Kylin 可以解决 Kylin 灵活性的问题，可以适应数据探索等数据需求不确定的场景，但当数据探索完成，形成了固定的数据需求后，需要稳定地对外提供服务时，ClickHouse 并发能力弱的缺陷就暴露出来了。

对外稳定提供数据服务的场景下，可能面临非常大的并发请求，ClickHouse 在应对这类场景时，也需要将这些数据固化成 Cube，并使用内存表存储 Cube 的数据，通过固化在内存表中的 Cube 数据对外提供服务，实现更高的并发能力。该方案只能略微缓解 ClickHouse 并发能力弱的缺陷，并不能完全解决。想要解决这个问题，需要引入缓存等分布式系统中常用的架构，或者继续使用 Kylin 提供服务。

综上，ClickHouse 和 Kylin 的本质区别在于模型层次的深度不同。Kylin 在解决问题时，将维度建模的层次建立到了 Cube 的程度，可以以极高的性能对外提供服务，但也带来了灵活性差的缺陷。而 ClickHouse 通过强大的实时多维分析能力，只需要将维度建模建立到模型程度，即可实现实时多维分析，带来了很强的灵活性，但这也意味着极大的计算量，制约了架构的并发能力。这更加印证了架构的核心原则——有得必有失。获得一个能力的同时，一定会付出相应的代价，需要依据业务的实际需求选择架构。

ClickHouse 和 Kylin 对于原始数据层的建模都不太擅长，对于复杂的 ODS 层建模工作，还是要依赖更底层的计算引擎，例如 Spark。希望读者在阅读本书后，能够打破 "ClickHouse 好，Kylin 不好" 这类停留在表面的固有认知，更应该从底层去分析问题。ClickHouse 的确在灵活性上强于 Kylin，但是并不是所有的业务需求都需要灵活性，对于固定的稳定的业务，没有灵活性的需求，却面临大量并发，这类业务使用 Kylin 更合适。

6.4　本章小结

本章介绍了 3 种常用的数据仓库解决方案的架构以及与 ClickHouse 的不同之处。这 3 种数据仓库解决方案都是基于分布式的前提进行的优化，而 ClickHouse 另辟蹊径，通过提高单机能力实现一定程度上的实时 OLAP 引擎，这种思路值得我们细细品味。

第 7 章 *Chapter 7*

深度思考：决定外在能力的因素

第 1 ～ 6 章将 ClickHouse 的架构进行拆解，并分析了 ClickHouse 查询速度快的原因。本章将对前 6 章的内容进行总结，并做一点升华，希望读者通过这一章的介绍，能够建立对架构的深刻理解，未来在遇到其他软件或架构的时候，也可以使用本章提出的世界观和方法论进行分析。

7.1 从架构层面分析 ClickHouse

本节从架构层面分析 ClickHouse 查询速度快的原因并进行总结。

7.1.1 ClickHouse 速度快的前提

第 4、5 章分别对 ClickHouse 的存储引擎和计算引擎进行了分析，分别得出了 ClickHouse 查询速度快的前提。

存储引擎要求的前提如下。

☐ 使用 MergeTree 存储引擎。

☐ 按照业务需求，正确设置数据表的排序键，查询时须满足最左原则。

计算引擎要求的前提如下。

☐ 没有或少用 Join 操作。

☐ 尽可能多地使用内置函数。

当满足如上 4 个条件的情况下，使用 ClickHouse 才有可能达到比较优秀的性能，需要在此基础之上再采用第 8 章介绍的多项优化技巧进行性能优化。如果不满足这些条件，即使使用了优化技巧，也无法带来很明显的性能提升。

7.1.2　对 ClickHouse 的一些误解

本节对 ClickHouse 的一些错误认知进行回应。我们并不是在批评 ClickHouse，而是基于 ClickHouse 的架构得出合理的结论，这并不代表 ClickHouse 不优秀。

事实上，笔者非常认可 ClickHouse 的设计理念，它明确自身的目标，并在此基础上利用奥卡姆剃刀原则做减法。不要试图去设计一个万能的架构，任何设计都是有得有失的。与其设计一个各方面都很平庸的架构，不如设计在某一方面具备明显优势的架构。

1. ClickHouse 可以适用于所有场景

由于 ClickHouse 计算引擎的限制，ClickHouse 在应对 ODS 层的建模工作时，会由于大表 Join 操作导致计算耗时高、计算出错。由于 ClickHouse 存储引擎的限制，导致 ClickHouse 无法应对需要事务的业务，也无法应对单点查询较多的业务。

ClickHouse 还是更适合基于 DW 层进行分析和查询的业务。例如用户画像、指标计算等场景。

2. ClickHouse 中对表进行业务优化后可以用于所有业务

ClickHouse 需要对数据表进行面向业务的优化，原因在于存储引擎的限制，只有在满足最左匹配原则的前提下，才能达到最优的查询性能。针对业务进行优化后的数据表，并不适用于其他业务。如果新的业务所需要的计算不满足最左匹配原则，此时需要建立新的表。也可以使用第 8 章介绍的投影操作。

读者在使用 ClickHouse 时，请依据业务需求构建数据表。必要时可以建立多个相同数据的 ADS 表，以应对上层的不同业务。

3. ClickHouse 集群能在所有情况下对查询进行加速

由于 ClickHouse 计算引擎没有物理优化能力，因此集群的 ClickHouse 并不一定能够获得比单机 ClickHouse 更快的性能。尤其在进行 Join 查询时，ClickHouse 只实现了 Broadcast Join 算法（实现其他 Join 算法的前提是实现了 CBO），如果集群数据没有按照需要进行事前分布，就有可能导致大量网络 I/O，反而降低了查询速度。

ClickHouse 是一个非常优秀且性能强劲的数据仓库，对使用者也有着非常高的要求，不理解 ClickHouse 内部机制的用户，很有可能无法从 ClickHouse 的强大架构设计中受益。

7.2　结构决定功能

通过分析 ClickHouse 的两个核心组成元素——存储引擎和计算引擎，并深入挖掘这两个元素的内部结构，可以得出 ClickHouse 查询速度快的根本原因。这里其实隐含了一个架构中的世界观——结构决定功能。

结构决定功能，软件（或架构）的功能（或能力）都来自其底层的结构。同时，这些功能都是其内部结构的外在体现。

7.2.1 方法论

基于结构决定功能的世界观，可以得出架构设计中的一些方法论，指导我们进行架构设计。

1. 要用结构解决功能问题，而不是用功能解决功能问题

在对架构或者软件进行优化时，一定要深刻理解产生这些优化项的底层原因，从底层结构的层面来解决，而不是从功能出发，通过修改功能来进行优化。

ClickHouse 的 Join 操作表现不佳，原因在于底层设计时为了实现强大的单机能力而弱化了分布式能力，因此当遇到两张超大表的 Join 操作时就触及了 ClickHouse 的系统瓶颈。ClickHouse 没有 CBO，这种情况下用户只能根据 ClickHouse 的底层设计，手动将两个大表的数据依照业务重新在集群中进行分布，以解决 ClickHouse 只支持 Broadcast Join 而带来的性能问题。

当我们对 ClickHouse 进行 Join 优化时，最核心的工作并不是去优化 Join 算法，而是改善 ClickHouse 的分布式能力。在此基础上进行 CBO 的设计，从而优化 ClickHouse 的 Join 性能。

目前业界有一些方案，是将 ClickHouse 单纯作为单机数据库，在 ClickHouse 之上建立一个新的代理，物理计划由这个代理生成并进行 CBO 优化。这也是一个使用结构来解决功能问题的实例。

功能上的问题只是表象，不解决底层结构的限制，是很难在功能上取得突破性进展的。

2. 不要试图突破底层结构的限制

顶层的功能或能力受到底层结构的制约，顶层的功能几乎不能突破底层结构的限制。

　　ClickHouse 是批处理引擎，由于存储引擎底层将整个块当作最小的处理单位，因此无法支持行级别的更新和删除。目前 ClickHouse 必须通过重建块的方式实现行级别的删除，这是一个非常耗费资源的操作。因此不要试图将 ClickHouse 用于点查、行更新及删除业务多的场景。

　　此外，ClickHouse 底层的列存批处理引擎是无法支持传统数据库的行级 ACID 事务的。目前事务数据库普遍使用 MVCC 机制实现事务的隔离性，由于 ClickHouse 的存储引擎无法应用 MVCC 机制，因此不能将 ClickHouse 改造成具备强事务的数据库。这个底层结构的限制是无法突破的，目前 ClickHouse 官方社区正在开发对事务功能的支持，也仅仅是实现 Insert 命令的原子性插入，距离真正的行级事务数据库还差得很远。原因在于，不修改底层存储引擎，无法实现真正的事务。而修改了底层存储引擎，ClickHouse 最大的优势将不复存在。

　　架构也是取舍，你想获得一些特性，就得牺牲另一些特性。我们在设计架构时必须清醒地认识到这点，不要试图去设计各方面都优秀的架构，也不要试图去突破底层结构的限制。

7.2.2　意义

深入理解结构决定功能的意义主要体现在以下三点。

1. 指导架构设计

　　架构设计的本质是依据业务需求设计出对应的技术架构。我们学习架构的本质就是熟悉各种结构的适用场景、优劣势。当脑海中存在数量庞大的架构后，再次遇到类似业务需求时，就可以立刻想到相关的设计，并做出合适的技术决策。例如，调度器的架构至少有 5 种，如果掌握了这 5 种架构，那么当遇到类似任务调度的需求时，就能够从中迅速选择相应的方案。

2. 指导架构分析

当拿到一个新的架构或软件进行分析时，不能被天花乱坠的表面现象所迷惑，应当深入挖掘架构或软件的底层结构，从而判断这些功能在哪些前提下才能成立。为了获得这些优势，这个新的架构或软件付出了什么样的代价。这种能力成为架构洞察力，也就是透过各种能力及现象的重重迷雾，分析底层架构的能力。

3. 预测未来

架构师通过了解各个结构的优劣势，可以预测架构在未来达到某个限制条件时，可能会触发什么样的影响，此时应当采取什么样的解决方案。从而提前做好应对预案，做好监测埋点。

7.2.3 不要过度设计

我们遇到优秀的架构或者软件设计时，应该从底层结构出发来设计对应的能力。这并不意味着我们需要一开始就设计出完美的、能实现最终目的的架构。

任何架构设计都应当是满足现有业务需求的，过度设计会导致架构复杂、实现周期长、运维成本高等问题。复杂的设计对开发人员的要求也更高，读者应当评估团队成员的能力及水平，而不是一开始就拿出复杂的、过度设计的架构。任何时候，最优秀架构往往不是能力最强的，而是最适合当前现状的架构。

作为优秀的架构设计师，应当能够依据业务的需求、团队成员的情况，选择当前状态下最适合的架构。同时，应用 7.2.2 节中预测未来的能力，对该设计进行预测，同时安排好预案，知道应该在什么情况下启动架构的改造，在这之前需要做好哪些准备工作。

架构应当是演进的，由于每个业务的需求和发展不同，在演进过程中也会有各种意想不到的状况发生，可能导致架构走向另一个状态。淘宝的架构能够支撑"双十一"的并发量，但其他企业的电商业务，并不需要在起步阶段就按照淘宝的架构进行设计。

不要过度设计，要依据业务需求，结合现有的环境、条件、人才储备，设计出最适合当前业务的架构。当然，也不是说不需要考虑未来的演进，一个优秀的架构师应当对自己设计的架构有掌控力。这个度需要丰富的经验来把控。

7.3 从 ClickHouse 的设计来理解

本节基于 ClickHouse 的设计来对 7.1 节和 7.2 节介绍的理论进行分析。

7.3.1 结构决定能力的上限

1. ClickHouse 存储引擎的设计

Hive 使用 textfile 作为数据文件，需要消耗大量的 I/O 时间。建立在 textfile 上的计算引擎算法设计得再好，也无法减少这个时间，只能通过分布式将数据分散，通过并行执行来缓解这个问题，问题仍然存在，所需的 I/O 时间并没有减少，只是分散了。

而 ClickHouse 存储引擎使用了列存 + 压缩的设计，大大降低了磁盘的 I/O 时间，通过改变底层结构提升了查询能力的上限。

2. ClickHouse 列存的限制

ClickHouse 是列存数据库，列存发挥优势的前提是参与计算的列占比小。如果一张两列的表进行查询，且两列都参与了计算，这种情况下列存是无法加速的。如果不考虑列存带来的压缩比的优势，其 I/O 时间和传统数据库几乎一致。

在使用 ClickHouse 时，请尽可能地设计宽表。表越宽，列存带来的加速效应越明显。底层的表结构决定了列存能够带来的加速效应的上限。

7.3.2 结构决定应用层算法

1. ClickHouse 存储引擎决定计算引擎的实现

ClickHouse 在其计算引擎中使用了硬件提供的 SIMD 能力进行硬件加速，使用

SIMD 特性进行加速的前提是 ClickHouse 底层的存储引擎能够支持数据向量化的输出。对于传统的事务数据库，由于其底层存储引擎无法直接输出向量化的数据，因此强行对事务数据库进行 SIMD 改造是无法优化性能的。底层结构通过影响上层应用层的算法从而影响了其能力或功能。

2. 有序存储决定了索引算法

ClickHouse 底层存储引擎将数据按照表进行有序排序后写入磁盘，这决定了 ClickHouse 不需要对数据进行 B+ 树索引。B+ 树是事务数据库中常用的索引方式，其本质是一棵 N 叉树，叶子节点就是有序排列的索引值，以适应范围查找。而 ClickHouse 数据已经有序存储在磁盘上了，不需要使用 B+ 树进行索引。

另外，ClickHouse 按照某个排序键对数据进行排序后写入磁盘。主排序键只有一个，对主排序键进行查询，数据聚集在一起，会得到最优的性能。但是对于非排序键或者次排序键的查询，这会导致性能变差。这体现了结构决定功能的世界观。

对于事务数据库，可以建立多个 B+ 树索引解决该问题；对于 ClickHouse 来说，由于磁盘上存储的数据只能有一份，因此无法通过建立多个索引来解决问题，即使建立了多个索引，由于数据在磁盘中物理上不连续，因此也无法实现降低 I/O 的效果。这又一次体现了结构决定功能。ClickHouse 要解决该问题，只能建立一个新的数据表，将数据存储两份，或者使用第 8 章提到的高级技巧——投影解决，但投影的本质也是将数据按照不同的排序方式存储两份。

ClickHouse 中各处都体现着结构决定功能的世界观，本节挑选了几个案例进行了分析，读者可以自行分析出更多的矛盾点。甚至借助该理论，对其他的软件或架构进行分析。

7.4 本章小结

本章首先总结了不同角度下 ClickHouse 查询速度快的前提，并分析了得出这些结论的底层逻辑——结构决定功能。然后提出了这个底层逻辑衍生的几个架构设计的方法论、意义及注意事项。最后，通过 ClickHouse 的一些例子向读者说明了这些概念。

结构决定功能是分析优秀软件或架构的重要法宝，希望读者仔细体会其中的含义，未来将该方法应用到其他软件或架构中。笔者研究了大量优秀的知名软件的架构，它们中的绝大多数都秉承这个基本逻辑。大到 Linux 操作系统、数据库，小到各种工具，这些内容无法一一在本章详尽展开，感兴趣的读者可以阅读笔者的另一本书《微观架构》。

第二部分 *Part 2*

实 战 篇

任何理论都不能脱离实际。第二部分将向读者展示 ClickHouse 的使用技巧、真实场景下 ClickHouse 如何建模、云计算时代 ClickHouse 的全新架构、性能优化等内容。

第 8 章　*Chapter 8*

ClickHouse 使用技巧

本章将列出一些 ClickHouse 的使用技巧，方便读者在使用 ClickHouse 时轻松上手。

8.1　数据导入、导出技巧

ClickHouse 作为 OLAP 即席分析引擎，不可避免地需要将数据从业务数据库、传统数据仓库等数据源中提取数据，当数据计算完成后，也可能需要将数据导出为外部数据文件供其他系统使用。本节向读者介绍 ClickHouse 数据导入、导出的技巧。

8.1.1　外部文件导入、导出技巧

外部数据文件指的是独立于 ClickHouse 的数据格式文件，不是 ClickHouse 私有的。外部数据文件拥有统一的格式标准，以提供跨软件系统的通用性。这类文件包含 CSV、TSV 等。

1. CSV、TSV 文件导入建议

CSV 和 TSV 是等价的，两者的区别在于分隔列的字符不同。CSV 使用了可见字

符 ",", 即 ASCII 码 0x2C 代表的字符; 而 TSV 则使用了不可见字符制表符作为列
的分隔符, 即 ASCII 码 0x09 代表的字符。

```
// 导入 CSV 文件
clickhouse-client --query='INSERT INTO db.tbl FORMAT CSV' < data.csv

// 导入 TSV 文件
clickhouse-client --query='INSERT INTO db.tbl FORMAT TabSeparated' < data.tsv

// 导入首行为列名的 CSV 文件
clickhouse-client --query='INSERT INTO db.tbl FORMAT CSVWithNames' < data.csv

// 使用设置参数导入 CSV 文件
cat data.csv | clickhouse-client --query='INSERT INTO db.tbl FORMAT CSV' --max_
    insert_block_size=100000
```

ClickHouse 提供了原生的 SQL 语句进行 CSV 和 TSV 文件的导入, 上述代码展
示了一些 CSV 和 TSV 文件导入的例子。ClickHouse 原生提供的导入能力比较弱,
在实际应用中会遇到较多的问题。本节介绍一些笔者在生产过程中总结出来的技巧,
供读者参考。

技巧 1 尽量使用 TSV 代替 CSV

CSV 使用了可见字符逗号作为列的分隔符, 便于用户直接阅读, 这也使得 CSV
成为使用率高的数据格式。逗号在真实数据中存在的概率比较大, 如果真实数据中
也出现了逗号, 此时引擎无法区分这个逗号是分隔符还是数据, 只能一刀切地将所
有逗号视为分隔符, 从而造成数据错乱。如果数据中出现逗号, 需要用 "\" 进行转
义, 会给序列化和反序列化工作带来额外的负担。

TSV 使用了制表符作为分隔, 制表符在真实数据中出现的概率很低, IANA
(Internet Assigned Numbers Authority, 互联网号码分配局)标准甚至禁止在数据字段
中出现制表符。因此, 使用制表符代替逗号作为列的分隔符可以避免出现二义性的
问题。在大数据中, 建议统一使用 TSV 作为导入、导出的载体。

技巧 2 尽可能使用时间戳代替时间文本

CSV 和 TSV 是文本格式的数据文件，并没有携带任何列的类型信息。理论上所有列都是字符串形式，只是 ClickHouse 会对某些特殊类型的列进行转换。例如 ClickHouse 会自动将数字类型的列转换为对应的数字类型，ClickHouse 对时间的处理却很简单粗暴。

ClickHouse 要求时间列的格式必须是 YYYY-MM-DD 或 YYYY-MM-DD HH:mm:ss。这意味着下列代码的格式无法正确解析为时间日期格式，从而导致导入失败。

```
2022-4-23// 必须为 2022-04-23
2022-04-2// 必须为 2022-04-02
2022-04-23 11:23// 缺少秒
2022-04-23 11:23:12//ClickHouse 要求 24 小时制，可能解析错误
2022 年 04 月 23 日 // 只能用 "-" 分隔
```

ClickHouse 目前尚未提供自定义时间格式，这意味着 ClickHouse 对时间和日期类型数据支持比较弱。ClickHouse 对时间和日期类型的数据支持存在如下问题。

❑ 支持格式单一，不支持用户自定义格式。
❑ 不支持时区信息。
❑ 不支持夏令时。
❑ 不支持 12 小时制。

在涉及时间日期导入 ClickHouse 时，用户可以选择在数据源导出数据时将数据导出为时间戳，并保存到 CSV 或 TSV 的数据文件中，以避免上述问题。

技巧 3 将 ODS 层数据表的时间类型设置为 String

技巧 2 通过在数据源导出数据时将时间日期字段转换为时间戳并保存到数据文件中，解决了 ClickHouse 对时间日期字段支持有限的问题。该技巧需要在数据源导出数据的时候操作，在有些业务场景中，我们无法控制数据导出的过程，此时技巧 2 就无法生效了。

在这种场景下，我们可以先将 ClickHouse 中目标表时间日期类型的字段设置为 string，先将数据导入，接着对这个 ODS 的表进行数据清洗，通过 ClickHouse 内置的 SQL 函数解决问题。

2. 数据导出技巧

ClickHouse 提供了 3 种内置的数据导出能力。

技巧 4 　通过 INTO OUTFILE 导出

ClickHouse 提供了内置的数据导出语句，通过 INTO OUTFILE 可以将数据导出为多种格式，并控制导出文件的压缩格式，代码如下。

```
SELECT <expr_list> INTO OUTFILE file_name [FORMAT CSV] [COMPRESSION type]
```

技巧 5 　通过文件表引擎导入、导出数据

ClickHouse 的精髓在于 MergeTree 表引擎家族，但在 MergeTree 表引擎之外，ClickHouse 还支持多种外部表引擎，表引擎的使用技巧将在 8.2.1 节详细说明。本节只对数据导入、导出的技巧进行说明。

ClickHouse 可以将数据文件映射为 ClickHouse 中的表。要创建表文件引擎，可以使用下面的 SQL 语句实现。

```
CREATE TABLE file_engine_table (name String, value UInt32)
    ENGINE=File(TabSeparated)
```

创建文件表之后，可以使用下面的语句对数据进行导入、导出操作。

```
// 将本地表数据写入外部数据文件
INSERT INTO file_engine_table SELECT * FROM local_table;

// 将外部数据文件中的数据导入本地表
INSERT INTO local_table SELECT * FROM file_engine_table;
```

技巧 6 通过命令行重定向导出

数据导出的另一个方式是利用命令行的重定向能力，代码如下。

```
clickhouse-client --query "SELECT * from table" --format FormatName > result.txt
```

8.1.2 灵活使用集成表引擎导入、导出数据

本节向读者介绍如何利用 ClickHouse 的集成表引擎实现数据的导入、导出。利用本节的内容，读者可以直接将 MySQL 或 PostgreSQL 中的数据导入 ClickHouse，也可以直接将 ClickHouse 中的数据导出到 MySQL 或 PostgreSQL 等外部数据库中，不需要通过数据文件进行中转。

集成表引擎的原理类似于技巧 5 中的文件表引擎，都是将外部数据库的表直接挂载为 ClickHouse 中的虚拟表，通过对虚拟表的读写实现数据的导入、导出。

技巧 7 利用 MySQL 表引擎实现数据的导入、导出

用户可以利用 MySQL 的表引擎实现对远程 MySQL 服务器执行 SELECT 和 INSERT 查询。通过 ClickHouse 提供的能力，可以实现数据直接导入 ClickHouse 或导出到 MySQL 中，无须通过数据文件进行中转。可以利用下面的 SQL 语句创建外部 MySQL 表引擎。

```
CREATE TABLE [IF NOT EXISTS] [db.]mysql_table [ON CLUSTER cluster]
(
    name1 [type1] [DEFAULT|MATERIALIZED|ALIAS expr1] [TTL expr1],
    name2 [type2] [DEFAULT|MATERIALIZED|ALIAS expr2] [TTL expr2],
    ......
) ENGINE = MySQL('host:port', 'database', 'table', 'user', 'password'
    [, replace_query, 'on_duplicate_clause'])
SETTINGS
    [connection_pool_size=16,]
    [connection_max_tries=3,]
    [connection_wait_timeout=5,] /* 0 -- do not wait */
    [connection_auto_close=true]
;
```

在创建 MySQL 表引擎时,需要注意 ClickHouse 中本地表的列名必须和远程 MySQL 的列名完全一致。此外,ClickHouse 会按照表 8-1 中的映射关系处理 MySQL 类型。

表 8-1 MySQL 和 ClickHouse 中数据类型的对应关系

MySQL 中的数据类型	ClickHouse 中的数据类型
UNSIGNED TINYINT	UInt8
TINYINT	Int8
UNSIGNED SMALLINT	UInt16
SMALLINT	Int16
UNSIGNED INT,UNSIGNED MEDIUMINT	UInt32
INT,MEDIUMINT	Int32
UNSIGNED BIGINT	UInt64
BIGINT	Int64
FLOAT	Float32
DOUBLE	Float64
DATE	Date
DATETIME,TIMESTAMP	DateTime
BINARY	FixedString

创建 MySQL 外部表后,即可通过下面的 SQL 语句实现数据的导入、导出。

```
SELECT AVG(xxx) FROM mysql_table;  // 直接在 ClickHouse 中执行 MySQL 查询

// 将 MySQL 表数据导入本地表
INSERT INTO local_table SELECT * FROM mysql_table;

// 将本地表数据导出到 MySQL 表
INSERT INTO mysql_table SELECT * FROM local_table;
```

技巧 8 利用 MongoDB 表引擎实现数据的导入、导出

不同于 MySQL 的表引擎,由于 ClickHouse 中的 MongoDB 表引擎支持执行 SELECT 操作,因此只能利用 MongoDB 表引擎实现将数据从 MongoDB 直接导入 MongoDB。另外,由于 MongoDB 是一个文档型数据库,支持嵌套的数据类型,而 ClickHouse 是一个关系型数据库,因此 ClickHouse 对 MongoDB 的支持有限,不支持导入 MongoDB

中的嵌套数据类型。可以利用下面的 SQL 语句创建外部 MongoDB 表引擎。

```
    CREATE TABLE [IF NOT EXISTS] [db.]mongo_table
(
    name1 [type1],
    name2 [type2],
    ......
) ENGINE = MongoDB(host:port, database, collection, user, password);
```

创建 MongoDB 外部表后，即可通过下面的 SQL 语句实现数据的导入。

```
SELECT AVG(xxx) FROM mongo_table;  // 直接在 ClickHouse 中执行 MySQL 查询
// 将 MySQL 表数据导入本地表
INSERT INTO local_table SELECT * FROM mongo_table;
```

技巧 9　利用 HDFS 表引擎实现数据的导入、导出

ClickHouse 还支持 HDFS 表引擎，HDFS 表引擎为 ClickHouse 赋予了与 Hadoop 生态交互的能力，通过 HDFS 表引擎可以使 ClickHouse 具备与 HDFS 上的文件交互的能力。HDFS 表引擎和文件表引擎类似，只是文件表引擎将数据文件存储在本地磁盘上，而 HDFS 表引擎将数据文件存储在 HDFS 上。可以利用下面的 SQL 语句创建外部 HDFS 表引擎。

```
CREATE TABLE hdfs_engine_table (name String, value UInt32) ENGINE=HDFS('hdfs://
    hdfs1:9000/other_storage', 'TSV')
```

另外，HDFS 表引擎还支持对 HDFS 的路径使用通配符进行模糊处理，以支持更灵活的 HDFS 文件夹策略。ClickHouse 支持的通配符如表 8-2 所示。

表 8-2　ClickHouse 支持的路径通配符

通配符	说明	示例
*	代表任意字符串	hdfs://hdfs1:9000/a/* 表示 a 目录下的所有文件
?	代表任意单个字符	hdfs://hdfs1:9000/a/file? 表示 a 目录下的所有 file 开头的文件，如 file0、file1、file2 等
{a,b,c}	a、b、c 中的一个	hdfs://hdfs1:9000/{a,b}/* 表示 a 目录或 b 目录下的所有文件
{N..M}	代表 $\geqslant N$ 且 $\leqslant M$ 的数字	hdfs://hdfs1:9000/a/file{0..9}{0..9} 表示 a 目录下 file00~file99 的所有文件

创建文件表之后，可以使用下面的语句对数据进行导入、导出。

```
// 将本地表数据写入 HDFS 数据文件
INSERT INTO hdfs_engine_table SELECT * FROM local_table;

// 将外部 HDFS 数据文件中的数据导入本地表
INSERT INTO local_table SELECT * FROM hdfs_engine_table;
```

技巧 10　利用 S3 表引擎实现数据的导入、导出

ClickHouse 还支持 S3 表引擎，利用 S3 表引擎可以将数据表写入 Amazon S3 对象存储。通过下面的 SQL 语句即可创建 S3 表引擎。S3 表引擎的使用和 HDFS 类似，参考技巧 9 中 HDFS 的说明即可使用。此外，利用 S3 表引擎还可以实现存算分离架构，该内容会在第 10 章进行详细说明。

```
CREATE TABLE s3_engine_table (name String, value UInt32)
ENGINE = S3(path, [aws_access_key_id, aws_secret_access_key,] format,
    [compression])
[SETTINGS ...]
```

需要特别说明的是，目前大部分云服务商提供的对象存储都兼容 Amazon S3 协议，可以利用该协议在多个云厂商的对象存储引擎上进行数据迁移。笔者尝试了阿里云 OSS（Object Storage Service，对象存储服务）、腾讯云 COS（Cloud Object Storage，云对象存储）、华为云 OBS（OBject Storage service，对象存储服务），这些云厂商的对象存储都能和 ClickHouse 兼容。有的云厂商也在说明文档中表明兼容 S3 协议，可以和 ClickHouse 实现兼容，例如七牛云等，这些产品笔者没有进行过测试，读者可以自行尝试。

技巧 11　利用 PostgreSQL 表引擎实现数据的导入、导出

ClickHouse 提供了 PostgreSQL 表引擎，以实现与 PostgreSQL 的交互操作。通过 ClickHouse 内置的 PostgreSQL 引擎，可以实现不通过数据文件的中转，如直接将 PostgreSQL 数据导入 ClickHouse，或直接将 ClickHouse 中的数据写入 PostgreSQL。通过下面的 SQL 语句可以创建 PostgreSQL 表引擎。

```
    CREATE TABLE [IF NOT EXISTS] [db.]table_name [ON CLUSTER cluster]
(
    name1 [type1] [DEFAULT|MATERIALIZED|ALIAS expr1] [TTL expr1],
    name2 [type2] [DEFAULT|MATERIALIZED|ALIAS expr2] [TTL expr2],
    ...
) ENGINE = PostgreSQL('host:port', 'database', 'table', 'user', 'password'
    [, `schema`]);
```

和 MySQL 表引擎类似，PostgreSQL 表引擎也需要保证本地表和 PostgreSQL 中的表列名相同。ClickHouse 会按照表 8-3 中的映射关系对 PostgreSQL 的数据类型进行转换。

表 8-3　PostgreSQL 和 ClickHouse 数据类型的对应关系

PostgreSQL 中的数据类型	ClickHouse 中的数据类型
DATE	Date
TIMESTAMP	DateTime
REAL	Float32
DOUBLE	Float64
DECIMAL、NUMERIC	Decimal
SMALLINT	Int16
INTEGER	Int32
BIGINT	Int64
SERIAL	UInt32
BIGSERIAL	UInt64
TEXT、CHAR	String
INTEGER	Nullable(Int32)
ARRAY	Array

创建 PostgreSQL 外部表后，即可通过下面的 SQL 语句实现数据的导入、导出。

```
SELECT AVG(xxx) FROM pg_table;  // 直接在 ClickHouse 中执行 PostgreSQL 查询

// 将 PostgreSQL 表数据导入本地表
INSERT INTO local_table SELECT * FROM pg_table;

// 将本地表数据导出到 PostgreSQL 表
INSERT INTO pg_table SELECT * FROM local_table;
```

技巧 12　利用 JDBC 表引擎实现数据的导入、导出

JDBC 表引擎是 ClickHouse 提供的一个基于 JDBC 协议的集成表引擎。利用该引擎，可以将任何支持 JDBC 协议的数据库映射为 ClickHouse 中的虚拟表，从而实现在 ClickHouse 中对这些数据库直接进行查询。ClickHouse 内置了对 MySQL 和 PostgreSQL 的支持，但是并没有内置对 Oracle 的支持，通过 JDBC 表引擎，也可以将 Oracle 数据库、Microsoft SQL Server 等数据库映射为 ClickHouse 虚拟表。

要使用 JDBC 表引擎，必须先运行一个名为 clickhouse-jdbc-bridge 的 Java 进程，并做适当的配置。关键要配置好数据库驱动和数据源地址。下面展示一段 clickhouse-jdbc-bridge 的配置信息。其中数据源驱动的地址可以是一个远程的地址，也可以配置成本地的文件路径。

```
{
    "$schema": "../../../../../docker/config/datasource.jschema",
    "mysql8": {      // 数据源名称，后续在 ClickHouse 中可以使用该名称
    "driverUrls": [
        https://repo1.maven.org/maven2/mysql/mysql-connector-java/8.0.26/
            mysql-connector-java-8.0.26.jar    // 配置数据源驱动地址
    ],
    "driverClassName": "com.mysql.cj.jdbc.Driver",
    "jdbcUrl": "jdbc:mysql://XXXXXXXX",    // JDBC 地址
    "username": "USER",
    "password": "PASSWORD",
    "initializationFailTimeout": 0,
    "minimumIdle": 0,
    "maximumPoolSize": 10
    }
}
```

配置完成后，可以在 ClickHouse 中使用 JDBC 表引擎进行 SQL 查询，创建 JDBC 表的代码如下。

```
CREATE TABLE jdbc_table
(
    `int_id` Int32,
    `int_nullable` Nullable(Int32),
```

```
    `float` Float32,
    `float_nullable` Nullable(Float32)
)
ENGINE JDBC('mysql8') // 此处直接使用配置中的数据库名字即可
```

创建 JDBC 外部表后，即可通过下面的 SQL 语句实现数据的导入、导出。

```
SELECT AVG(xxx) FROM jdbc_table;  // 直接在 ClickHouse 中执行 PostgreSQL 查询
// 将 JDBC 表数据导入本地表
INSERT INTO local_table SELECT * FROM jdbc_table;
// 将本地表数据导出到 JDBC 表
INSERT INTO jdbc_table SELECT * FROM local_table;
```

另外，JDBC 表引擎由于配置信息已经存储在了 clickhouse-jdbc-bridge 的配置文件中，因此还有一种特殊的不需要创建 ClickHouse 虚拟表的访问方法。可以利用这种方式将数据导入 ClickHouse 本地表或外部数据文件，代码如下。

```
// 直接执行 JDBC 远程查询
select * from jdbc('mysql8', 'select * from mysql_table where user !=
    ''default''')
// 将数据从 JDBC 中导入 ClickHouse
select * from jdbc('mysql8', 'insert into local_table select * from mysql_
    table where user != ''default''')
// 利用命令行将直接执行 JDBC 命令，并将结果直接写入数据文件
clickhouse-client --query " select * from jdbc('mysql8', 'select * from mysql_
    table where user != ''default''')" --format CSV > result.csv
```

技巧 13　不要利用外部表引擎进行复杂查询

本节介绍了大量利用外部表引擎实现 ClickHouse 的数据迁移工作，读者一定发现了，完全可以利用这些外部表实现数据库联邦查询，即不复制数据，直接将部分查询在远程数据源完成，代码如下。其中 ck_table 是 ClickHouse 本地表，而 mysql_table 是 ClickHouse 中创建的 MySQL 的虚拟表。

```
SELECT avg(xxx) FROM ck_table a left join mysql_table b on (a.id = b.id) where
    b.vip_level > 3;
```

上述代码的确可以在 ClickHouse 中正常执行，但本人不建议读者利用该能力进

行联邦查询。原因是在很多情况下，这种 SQL 查询性能很差，而且有可能对业务产生影响。只有在满足如下条件时，利用该 SQL 查询的技巧才能获得比较高的收益。

☐ 远程数据表经常发生变动。

☐ 远程数据表数据量比较小。

☐ 在 ClickHouse 中的查询语句是低频的。

☐ 不会影响其他业务的正常运行，能够忍受这些影响。

希望读者仔细对业务进行评估，除非收益非常大，否则请只利用该技巧进行数据迁移。

技巧 14　对数据量大的数据表进行迁移时，利用 TSV 进行中转

在数据量非常大的情况下，利用本节提到的技巧，可能出现如下问题。

☐ ClickHouse 查询默认是单线程的，可能无法充分利用数据源的性能。

☐ 数据量非常大，中间某条数据出现格式问题会导致整个任务失败，不得不从头开始。

在应对大批量数据时，建议读者按照年、月或日对任务进行切分，启动多个进程并行执行。另外，将数据先导入 TSV 进行中转，避免中途出错导致整个任务重新运行。

技巧 15　利用 Kafka 表引擎实现数据的导入、导出

ClickHouse 提供了 Kafka 表引擎。利用 Kafka 表引擎可以实现将 Kafka 中的数据持久化保存到 ClickHouse 中，供 ClickHouse 查询。需要特别注意的是，Kafka 表引擎一般和 ClickHouse 的物化视图一起使用，否则 ClickHouse 只会读取 Kafka 中最新的消息。通过 ClickHouse 的物化视图，在后台将 Kafka 中的数据源源不断地写入本地，以实现 Kafka 数据的持久化。下面展示创建 Kafka 表引擎的 SQL 语句。

```
CREATE TABLE [IF NOT EXISTS] [db.]table_name [ON CLUSTER cluster]
```

```
(
    name1 [type1] [DEFAULT|MATERIALIZED|ALIAS expr1],
    name2 [type2] [DEFAULT|MATERIALIZED|ALIAS expr2],
    ...
) ENGINE = Kafka()
SETTINGS
    kafka_broker_list = 'host:port',
    kafka_topic_list = 'topic1,topic2,...',
    kafka_group_name = 'group_name',
    kafka_format = 'data_format'[,]
    [kafka_row_delimiter = 'delimiter_symbol',]
    [kafka_schema = '',]...
```

创建 Kafka 表引擎后，可以对该表引擎进行 SELECT 查询，但是对该表的查询只会查询到 Kafka 中最新的一条数据。需要从该时刻将 Kafka 中的数据源源不断地持久化保存，必须利用 ClickHouse 提供的物化视图的能力，代码如下。

```
// 创建 Kafka 外部表
CREATE TABLE queue (
    timestamp UInt64,
    level String,
    message String
) ENGINE = Kafka('localhost:9092', 'topic', 'group1', 'JSONEachRow');

// 创建本地表
CREATE TABLE daily (
    day Date,
    level String,
    total UInt64
) ENGINE = SummingMergeTree(day, (day, level), 8192);
```

```
// 创建物化视图，将队列中的数据源源不断地持久化到 daily 中
CREATE MATERIALIZED VIEW consumer TO daily
    AS SELECT toDate(toDateTime(timestamp)) AS day, level, count() as total
    FROM queue GROUP BY day, level;

SELECT level, sum(total) FROM daily GROUP BY level;
```

8.2　建表技巧

本节介绍建表时可以采用的技巧。

8.2.1 表引擎选择技巧

ClickHouse 中最精髓的设计是 MergeTree 表引擎，建议读者优先选择 MergeTree 表引擎。除此之外，还可以选择其他的表引擎来配合 MergeTree，以大幅提升 MergeTree 的能力。

技巧 16　优先选择 MergeTree 家族的表

建表时应当优先选择 MergeTree 家族的表。MergeTree 家族有最原始的 MergeTree 表引擎以及基于 MergeTree 表引擎所派生出来的多个表引擎。表 8-4 展示了这些派生表及其适用仓库。

表 8-4　MergeTree 的派生表引擎

名称	说明	能力
SummingMergeTree	合并 MergeTree	自动将主键相同的行进行数据汇总
CollapsingMergeTree	折叠 MergeTree	自动将主键相同的行按照某一列进行折叠。折叠就是将某一列值为 1 和 −1 两行数据删除 可以通过该特性解决 ClickHouse 不支持删除数据的缺陷。需要删除数据时，写入一条标记为 −1 的数据，即可实现
AggregatingMergeTree	聚合 MergeTree	自动将主键相同的行进行聚合
GraphiteMergeTree	—	和 Graphite 配合使用
VersionedCollapsingMergeTree	版本折叠 MergeTree	在折叠 MergeTree 上增加版本号，保证数据按照顺序折叠
ReplacingMergeTree	替换 MergeTree	自动将主键相同的数据行进行删除，使用最新的数据替换旧数据

以上便是 MergeTree 家族中具备特殊能力的 MergeTree 引擎，建议读者按照实际需求选择对应的 MergeTree 派生表引擎。另外，在使用时建议先创建基础的 MergeTree 表，在基础 MergeTree 表上再构建这些派生的 MergeTree 表引擎，避免由于使用不恰当的主键组合导致数据丢失。

技巧 17　利用 Buffer 表引擎解决大量 INSERT 带来的问题

Buffer 缓冲区表引擎是一个基于内存的表引擎，其原理是在内存中创建一块区域接收插入请求，当该区域被写满后或时间达到一定程度时，再将这块内存中的数据写入磁盘的 MergeTree 表。由于 Buffer 表必须有底层物理表，因此创建 Buffer 表时不需要列出各列的类型，代码如下。

```
CREATE TABLE merge.hits_buffer AS merge.hits ENGINE = Buffer(merge, hits, 16,
    10, 100, 10000, 1000000, 10000000, 100000000)
```

通过 Buffer 表，可以解决 ClickHouse 遇到突发大量 INSERT 语句时报错的问题，起到缓冲的作用。使用 Buffer 表也存在如下一些问题。

❑ 由于 ClickHouse 没有使用 WAL（Write Ahead Log，预写日志）技术，因此系统崩溃可能导致丢失数据。
❑ Buffer 写入物理表时，可能由于物理表引擎的特性导致数据错乱。例如当底层表为折叠表时可能因为丢失顺序而造成错乱。

建议在满足如下条件的情况下使用 Buffer 表。

❑ 数据少量丢失不会影响业务。
❑ 底层表选择基础的 MergeTree 表引擎。

技巧 18　利用 Memory 表引擎提高并发查询能力

Memory 也是一个内存表，和 Buffer 不同的是，Memory 表引擎不需要底层的数据表。Memory 表也不会将数据定期写入磁盘。笔者一般利用 Memory 表引擎来提高 ClickHouse 的并发能力。

ClickHouse 由于每次查询都会大量利用单机资源，因此并发能力并不高，解决该问题的一个策略是组建 ClickHouse 集群，在某些场景下还可以利用 Memory 表引擎提高 ClickHouse 的并发能力。

利用 ClickHouse 的 Memory 表引擎提高并发能力，并不是随意将查询所需的表载入内存后查询。而是根据业务进行判断，如果大量的并发查询是查询某一个固定的模型，那么需要将该模型固化为 Cube，将 Cube 保存为 Memory 表，以应对高并发查询的需求。

Memory 表引擎解决并发问题的核心在于，能够将模型转化为 Cube，如果不能转化为 Cube，那么使用 Memory 表引擎可能会得不偿失。读者需要根据业务的实际情况进行判断，千万不能将查询所涉及的表都塞入 Memory 表，否则 ClickHouse 的内存可能会溢出，导致服务器崩溃。

8.2.2 分区键选择技巧

ClickHouse 的主键就是排序键，和传统事务数据库的主键不同，ClickHouse 的主键不具备唯一性约束，只是分区键的别名，在选择分区键（主键）时也有一些技巧。

技巧 19 最左原则

由于 ClickHouse 的主键或者分区键满足最左原则，因此主键的顺序决定了查询的效率。读者一定要将最频繁使用的列放在最左边。很多情况下，放在右边的列可能无法得到加速。

另外，ClickHouse 是一个压缩率很高的数据库，读者完全不必强求数据在 ClickHouse 中只存一份，当遇到多个查询任务需要不同的排序键时，可以放心大胆地创建一个除了主键不同，其他都相同的数据表。

8.2.3 数据结构选择技巧

本节向读者介绍数据结构的选择技巧。

技巧 20 使用低基数类型

低基数类型（LowCardinality）是 ClickHouse 中的一个特殊的包装类型，通过该类型可以将数据类型进行字典编码，替换为更高效的存储格式。尤其当某一类去重后的数量少于 10 000 时，可以大幅提高 SELECT 操作的效率。

LowCardinality 支持对 String、FixedString、Date、DateTime 和不包含 Decimal 的数组类型进行自动化的字典编码。下面的代码演示了创建低基数类型的方法。

```
CREATE TABLE t(
    `id` UInt16,
    `strings` LowCardinality(String)
)
```

在 ClickHouse 中可以使用低基数类型替换原始的 String 类型，也可以使用低基数类型替换枚举类型。

8.2.4　分区技巧

技巧 21　慎重使用分区

ClickHouse 支持分区，但不建议读者大量使用分区。在很多情况下，分区并不能提高查询效率，过多地分区有可能降低性能。ClickHouse 中分区功能仅仅是为数据管理提供便利，例如以分区为单位进行删除等。

8.3　高级技巧

本节向读者提供一些 ClickHouse 的高级技巧。

8.3.1　物化视图

技巧 22　使用物化视图代替视图

ClickHouse 物化视图和视图的区别在于，物化视图会将数据写入磁盘，而视图只是一个虚拟的表，并不会真正存储数据。通过使用物化视图可以大幅提高查询速度。通过下面的 SQL 语句可以创建物化视图。

```
CREATE MATERIALIZED VIEW [IF NOT EXISTS] [db.]table_name [ON CLUSTER] [TO[db.]
    name] [ENGINE = engine] [POPULATE] AS SELECT ...
```

物化视图和物理表类型的区别在于物化视图会自动识别底层表的变动，当底层表变动时会自动映射到物化视图中。

8.3.2 投影

技巧 23 使用投影能力

ClickHouse 的投影是一个高级能力，目前还处于测试阶段，该能力可以大幅提升部分查询的性能，建议读者使用该功能。ClickHouse 的索引满足最左原则，当未按照最左原则进行查询时，速度会变慢。

投影就是一个解决该问题的方案，其实现原理是将不满足最左原则的查询条件进行固化，本质上可以理解为创建了一个按照新的顺序排列的数据副本，当查询条件满足这个副本时，自动在该副本上查询，从而实现性能加速。下面展示了创建投影的 SQL 语句。

```
ALTER TABLE hits_100m_obfuscated ADD PROJECTION p1
(
    SELECT
        WatchID,Title
    ORDER BY WatchID
)
```

8.3.3 位图

技巧 24 使用位图结构

位图即位（Bit）的集合，因其出色的空间效率而在大数据领域被广泛使用。位图的本质是利用位来存储元素的 0、1 状态。位图在求交（introsect）、求并（union）计算时有很好的性能。

如果数据集分布稀疏，也会浪费较多空间。例如，当数据取值范围为 $[0, 2^{32}-1]$，数据个数在 1000 万左右时，位图占用 512MB，其中 0 的个数只占 0.2%，空间浪费相当严重。

为了解决空间浪费，显然位图需要进行压缩。Daniel Lemire 的 Roaring Bitmap 是众多压缩（稀疏）位图实现中性能最好的一种。

❑ 支持动态修改位图（静态的位图有其他压缩方式）。

❑ 利用 SIMD 加速位图操作。

ClickHouse 中使用了 Roaring Bitmap 实现稀疏位图的存储，并提供了大量的位图操作函数。读者在应用时可以考虑优先使用位图，以大幅提高性能。

8.3.4 变更数据捕获

技巧 25 使用内置的 CDC 能力获取实时数据

变更数据捕获（Change Data Capture，CDC）是现代数据库中常用的一种实时获取数据变动的方式，用于确定和跟踪已更改的数据，以便使用更改的数据执行操作。通过 CDC 机制，可以实时监测数据库的变动，并采取相应的行动。

需要注意的是，CDC 并没有形成业界标准，无法通过 JDBC 或 ODBC 等标准协议在所有数据库上实现。目前各大数据库对于 CDC 都有不同的实现方式和接口，需要进行针对性开发，并不是所有数据库都实现了 CDC 的能力。

ClickHouse 通过 MaterializeMySQL 和 MaterializePostgreSQL 两个引擎提供 MySQL 和 PostgreSQL 的 CDC 集成支持。

8.4 常见报错及处理方法

技巧 26 解决"too many parts"异常

too many parts 是 ClickHouse 经常会出现的错误，出现这种错误的原因在于短期内建立了太多的分区。要解决这个问题，可以在数据进入 ClickHouse 前进行预排序，或者适用技巧 17 中提到的缓冲区表引擎。

技巧 27 解决"memory limit"异常

memory limit 表示 ClickHouse 遇到了内存不足的问题，在无法提高硬件的情况下，解决问题需要优化 SQL 语句，对于大表的 Join 操作，可以将 SQL 进行改写，分批执行，例如每次只处理一个月的数据。但该优化能做到的始终有限，遇到超大表的 Join 操作时，强烈建议读者使用计算下推，将这类 SQL 下推到 Spark 上实现。

8.5　本章小结

本章介绍了使用 ClickHouse 的一些常用技巧，读者可以利用本章介绍的技巧，快速熟悉 ClickHouse 的各项使用方式。

第 9 章 *Chapter 9*

ClickHouse 实现用户画像系统

本章介绍一个 ClickHouse 应用案例——用户画像系统。本章将从用户画像的需求出发，结合 ClickHouse 的特点，设计用户画像的系统架构，最终实现用户画像系统。

本案例以单机版 ClickHouse 为基础，ClickHouse 超强的单机性能，使得用户画像系统能够轻松承担千万级别的用户画像业务。对于很多中小型企业来说，单机版的 ClickHouse 已经足以满足业务需求。一个设计良好的 ClickHouse 表，即使是单机的，也能支撑数以亿计的数据量。

9.1 用户画像概述

本节介绍用户画像的基本信息，以及用户画像系统的常规能力和实现架构。

9.1.1 用户画像系统介绍

用户画像是推荐系统的一种实现，通过用户的历史行为分析用户特征，与商品或者活动的特征对应后，即可将商品或活动推荐给对应用户，这些用户特征组成的集合就称为用户画像。用户画像具备可解释性高、实现简单、计算简单等特征，成为推荐系统常用的实现方式，广泛应用于商品推荐、活动营销等领域。

图 9-1 展示了用户画像的原理。绘制用户画像一般分为两个阶段：分析和运营。分析阶段是将用户在数据库中的行为进行分析和加工，得出多种特征。这一阶段完成后得到的是所有用户的特征库，基于这些特征可以指导后续运营阶段的各种业务。分析阶段一般每天进行一次分析，也就是说每天刷新一次特征库。分析阶段的技术特征是数据量大，由于原始数据来源于业务数据库，因此存在大量的 Join 操作。

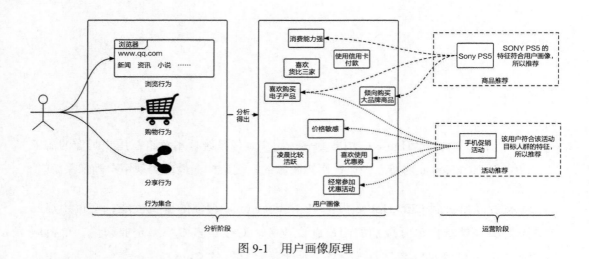

图 9-1　用户画像原理

运营阶段是由业务方驱动的，需要推广某个产品时，可以依据该产品的目标人群，确定这些目标人群的特征，再从特征库中筛选出符合条件的用户，进行进一步的推广运营。

除了应用于商品推广，用户画像系统还可以应用于会员运营、活动运营等多个领域。活动运营阶段的技术特征是业务随时都会发生，业务方希望以最短的时间得出结果，也就是说，运营阶段即席查询的需求比较强。同时，由于该系统是公司内部人员使用的，因此并发量有限，不会出现淘宝、京东这类面向消费者的高并发场景。总体来看，运营阶段就是并发有限的即席查询场景。

很显然，运营阶段的技术需求符合 ClickHouse 的技术特征，运营阶段的技术选型非 ClickHouse 莫属。

9.1.2　用户画像系统的需求描述

用户画像系统基于用户行为进行推荐，为了实现这个功能，用户画像系统至少具备如下能力。

1）允许用户配置数据源，将数据从业务数据库导入 ClickHouse。

2）允许用户创建数据清洗逻辑，对导入 ClickHouse 的原始数据进行加工清洗，生成 DW。

3）允许用户创建、浏览、删除标签定义。

4）定时根据标签定义对 DW 进行扫描，筛选出符合条件的用户，对这些用户打上标签。

5）对用户标签进行适当处理，以支持业务的即席查询。

6）输入标签 ID，输出标签下所有的用户。

7）输入一组标签 ID，输出同时满足这些标签的用户（标签圈人）。

9.1.3　用户画像系统的需求分析

通过对 9.1.2 节介绍的需求进行分析，可以得出如下结论。

1）用户画像系统由三类用户使用——数据工程师、业务建模工程师、业务运营人员。

2）数据工程师的主要工作是第 1、2 条需求。

3）数据工程师主要负责将数据源的原始数据带入到 ClickHouse 的 ODS 层，并将其经过清洗生成 DW，供业务建模工程师使用。

4）数据工程师的工作流程是配置数据源→配置清理规则→配置导入任务的运行时间。

5）业务建模工程师的主要工作是第 3 ～ 5 条需求。

6）业务建模工程师的职责是将标签输出到即席查询表中供业务运营人员使用。

7）业务建模工程师的工作流程是创建标签定义→配置即席查询表输入脚本→配置标签创建任务运行时间。

8）业务运营人员的主要工作是第 6、7 条需求。

9）数据工程师和业务建模工程师的技能重合度较高，在实际业务中，可能是同一个人担任两个角色，在设计功能时将这两个角色的功能合并。

9.1.4 用户画像系统的架构

基于上述分析，可以得出图 9-2 的架构图。用户画像架构由业务系统和底层数据引擎组成。业务系统由 Java 程序 + 业务数据库组成，在图中有两个功能入口：运营系统和分析系统。运营系统供业务运营人员使用，提供共同特征探索和人群圈选的能力。分析系统供数据工程师和业务建模工程师使用，提供配置任务的入口。

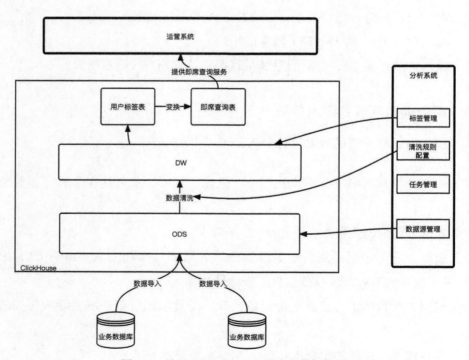

图 9-2　基于 ClickHouse 的用户画像架构图

图 9-2 中没有画出业务系统的业务数据库，读者可以按照实际需求自行实现，本书使用 PostgreSQL，底层数据引擎使用 ClickHouse 实现。

该架构的特点是由 ClickHouse 负责所有的计算，由 Java 程序负责启动 ClickHouse 的计算过程，因此只能实现简单的定时调度。简单的定时调度在小型场景中可以降低架构的复杂度。在实际生产中，读者可以根据实际需求更换功能更强大的工作流调度系统。

图 9-2 中 ClickHouse 的数据清洗、变换、数据导入等流程都通过 ClickHouse 提供的 SQL 语句实现，相关的 SQL 语句由数据工程师和业务建模工程师编写，并保存在业务系统中，由业务系统的定时调度机制在每天固定时间启动 SQL，开始流程。

通过由 Java 编写的业务系统 + 能力强大的 ClickHouse，共同构建起整个基于 ClickHouse 的用户画像系统。

9.2　用户画像系统的关键技术实现

本节向读者介绍用户画像系统的技术实现，本节只包含关键部分的代码实现，完整代码已经上传到 GitHub[⊖]，欢迎读者前往下载。

9.2.1　技术选型

数据引擎的技术选型已经没有悬念了，必然是 ClickHouse。ClickHouse 即席查询的优势完美契合运营阶段的技术需求，其并发低的缺陷在内部系统中也不会成为明显的瓶颈。

业务系统由 Java 实现，但是实现时是使用微服务架构还是使用单体架构呢？这个问题需要读者按照实际业务进行选择。就一般情况而言，用户画像作为内部系统，并发量不大，核心业务逻辑都在 ClickHouse 中实现，这类特征的应用是没有必要使

⊖　链接为 https://github.com/cfcz48/project_user_profile_with_hign_performance_of_clickhouse。

用微服务架构实现的，直接使用单体架构即可。单体架构结构简单，可以提高开发的效率。

业务系统中的数据库，本书选择使用 PostgreSQL，仅仅是因为笔者对 PostgreSQL 比较熟悉。事实上，用户画像系统的核心逻辑都在 ClickHouse 中实现，业务数据库仅仅存储一些业务相关的数据，这类业务不会涉及事务，由于需要经常修改，因此不能将这些数据都存放到 ClickHouse 中。同时，存放这类数据的事务数据库的选型也可以随意选择 MySQL 或者 PostgreSQL，业务数据库的选型不会影响整个系统的运作。

综上，本书的技术选型已经确定。

❑ 编程语言：Java 17。
❑ 数据引擎：ClickHouse。
❑ 业务数据库：PostgreSQL。
❑ 框架：Spring Boot + Spring MVC + Spring JPA。

接下来，使用 Spring Initializr 生成项目。

9.2.2　分析阶段

分析阶段的目标是将用户行为通过一系列的操作，生成即席查询表供业务运营人员使用。

1. 业务数据接入

业务数据接入指将业务数据库的代码导入 ClickHouse 的 ODS 层。这个过程可以直接使用 ClickHouse 提供的集成表引擎实现。

首先在 ClickHouse 中创建外部的 PostgreSQL 表，接着在 ClickHouse 的 ODS 层中创建目标表，最后在执行时运行 INSERT INTO xxx SELECT 语句实现数据导入。

下面的代码展示了一个使用 ClickHouse 实现数据导入用户表的实例。

```
/** #1 创建 PostgreSQL 外部表 **/
CREATE TABLE pg.users
(
    id       UInt32,
    gender enum('男'=1,'女'=2),
    username String,
    cell_phone FixedString(11),
    isVip    Int32 default 0,
    create_at DateTime
) ENGINE = PostgreSQL('host:port', 'database', 'table', 'user', 'password');

/** #2 创建 ODS 本地表 **/
CREATE TABLE ods.users as pg.users
ENGINE = MergeTree()
ORDER BY id
partition by toYYYYMMDD(create_at);

/** #3 初始化数据 **/
INSERT INTO ods.users SELECT * FROM pg.users WHERE toDate(create_at) <
    yesterday();

/** #4 每日定时执行 **/
INSERT INTO ods.users SELECT * FROM pg.users WHERE toDate(create_at) >=
    yesterday() and toDate(create_at) <= today();
```

当任务初始化时，执行代码中 #1 ～ #3 的代码，将历史数据导入。之后只需要每天在固定的时间执行 #4 的代码导入前一天新增的数据。

2. 数据清洗及建模

数据清洗及建模的目的是删除 ODS 层中不符合规范的数据，并生成 DW 层。这个过程的关键动作是将多张高范式的 ODS 表进行 Join 操作，逆规格化到低范式的宽表。下面的代码展示了一个将用户表（user）和支付历史表（payment_history）进行 Join 操作的并生成 DW 层的例子。

```
/** #1 支付历史表结构 **/
CREATE TABLE ods.payment_history
```

```
(
    id UInt64,
    user_id UInt32,
    amount Float32,
    create_at DateTime,
    order_id UInt256
)ENGINE = MergeTree()
ORDER BY user_id
partition by toYYYYMMDD(create_at);


/** #2 初始化 DW 表 **/
CREATE TABLE dw.payment_history
ENGINE = MergeTree()
ORDER BY user_id
PARTITION BY toYYYYMMDD(create_at)
    AS
SELECT a.id,
       a.user_id,
       a.amount,
       a.create_at,
       a.order_id,
       b.create_at as user_create_at,
       b.birthday,
       b.cell_phone,
       b.isVip,
       b.username
FROM ods.payment_history a
LEFT JOIN ods.users b ON (a.user_id = b.id);

/** #3 每日定时刷新 **/
REPLACE TABLE dw.payment_history
SELECT a.id,
       a.user_id,
       a.amount,
       a.create_at,
       a.order_id,
       b.create_at as user_create_at,
       b.birthday,
       b.cell_phone,
       b.isVip,
       b.username
FROM ods.payment_history a
LEFT JOIN ods.users b ON (a.user_id = b.id);
```

上述代码中，#1 展示了支付历史表的表结构；#2 展示了初始化 DW 表的 SQL 代码，初始化 DW 代码被语句"AS"分割为两部分，AS 之前的是框架代码，可以由模板生成，AS 之后的代码需要业务建模工程师依据业务的实际情况编写，并保存到业务数据库，以实现动态创建 DW 的目的；#3 展示了每日定时刷新时执行的 SQL 语句，可以利用 ClickHouse 的 Replace Table 语法实现数据刷新。这部分 SQL 语句也是由框架代码和用户代码组合而成的。

3. 标签定义

构建 DW 层结束后，即可依据 DW 层的数据构建标签。标签使用二级标签的定义，二级标签指的是一个标签分为标签名和标签值，例如性别是标签名，男（或女）是性别标签的标签值。一级标签指的是标签仅有一级，例如性别男是一个标签，性别女是另一个标签。

使用二级别签的好处是可以将部分指标视为标签进行处理，同时可以减少业务建模工程师的工作量。坏处是对于例如 VIP 用户、夜猫子、高净值人群等明显只有一级的标签，处理起来会相对复杂。本书对这类一级标签采用标签值名和标签值相同的处理方案，例如标签名和标签值都是夜猫子。表 9-1 展示了部分标签示例。

表 9-1　部分标签示例

标签名	标签值	规则说明
性别	男	
性别	女	
高消费人群	高消费人群	消费最高的前 10 名
VIP 用户	VIP 用户	用户表中 isVip=1 的用户
夜猫子	夜猫子	最频繁消费的时段在晚上 10:00 ～次日凌晨 4:00 之间的，属于夜猫

4. 打标

了解标签的定义后，即可开始对用户进行打标。打标的本质是通过 SQL 语句将 DW 表中的数据写入用户标签表。下面的代码展示了用户标签表的定义。

```
CREATE TABLE tf.user_tag
(
    tag_name String,
    tag_value String,
    user_id UInt32,
    create_at DateTime default now()
)
engine = MergeTree()
ORDER BY (tag_name,tag_value)
partition by toYYYYMMDD(create_at);
```

用户标签表即为所有用户统一的特征库，下面的代码展示了几段基于 DW 打标的示例。

```
/** 性别标签 **/
INSERT INTO tf.user_tag
SELECT '性别' as tag_name,
        a.gender as tag_value,
       a.user_id as user_id
FROM dw.payment_history a;


/** 高消费人群的标签 **/
INSERT INTO tf.user_tag
SELECT '高消费人群' as tag_name,
        '高消费人群' as tag_value,
       b.user_id as user_id
FROM (
    /** 统计消费金额，取消费最高的前十名打上高消费人群的标签 **/
    SELECT user_id, sum(amount) as total_amount
    FROM dw.payment_history a
    GROUP BY user_id
    ORDER BY total_amount DESC
    LIMIT 10
) b;


/** VIP 用户标签 **/
INSERT INTO tf.user_tag
SELECT 'VIP用户' as tag_name,
        'VIP用户' as tag_value,
       a.user_id as user_id
FROM dw.payment_history a
```

```
WHERE a.isVip != 0; /** isVip 不为 0 是 VIP 用户 **/



/** 夜猫子标签 **/
INSERT INTO tf.user_tag
SELECT '夜猫子' as tag_name,
       '夜猫子' as tag_value,
      b.user_id as user_id
FROM (
    /** 统计某用户消费最频繁的时段 **/
    SELECT user_id,create_at,count(toHour(create_at)) as times
    FROM dw.payment_history a
    GROUP BY user_id, create_at
    ORDER BY times DESC
    LIMIT 1
) b
/** 消费最频繁的时段在晚上 22 点～次日凌晨 4 点之间的，属于夜猫子 **/
WHERE toHour(b.create_at) in (22,23,0,1,2,3,4);
```

上述代码展示了 4 个标签的打标方法，打标的本质就是业务建模工程师依据业务需求，按照用户标签表的格式从 DW 层中筛选出符合条件的用户，写入用户标签表。标签类似于 SQL 语句，业务建模工程师只需要将标签对应的 SQL 语句保存到业务系统的标签定义表，业务系统会在每天固定的时刻按照标签定义的 SQL 语句依次执行。

5. 转换阶段

在事务数据库中，业务已经可以通过用户标签表实现各种运营阶段的运营业务。这张表的数据量非常庞大，假设有 100 万个用户，1000 个标签，那么用户标签表中很可能拥有 10 亿的数据量。这个量级一般的事务数据库都无法承受，即使是在 ClickHouse 中也很庞大，因此还需要进一步加工才可以以低延迟的效果对外提供服务。

转换阶段的本质就是将用户标签表的数据使用 ClickHouse 的位图能力进行重新组织，使用位图的好处是可以使用比较小的存储容量来保存这些数据，同时将运营阶段对用户画像的操作转变为位图的交并补操作。ClickHouse 对位图的交并补操作性能是非常高的，下面的代码展示了将用户标签表进行转换的示例。

```
    -- 创建标签 - 用户位图表
CREATE TABLE IF NOT EXISTS ads.tag_user_bitmap
(
    tag_name String,    -- 标签名称
    tag_value String,   -- 标签值
    tag_bitmap AggregateFunction(groupBitmap, UInt32 ),  --userid集合
    create_at DateTime default now()
)
ENGINE = MergeTree()
ORDER BY (tag_name, tag_value)
PARTITION BY create_at
SETTINGS index_granularity = 128;  -- 由于用户画像的点查较多，因此需要调低这个值

-- 将用户标签表的数据插入标签 - 用户位图表中
INSERT INTO ads.tag_user_bitmap
SELECT tag_name,
        tag_value,
        groupBitmap(user_id)
FROM tf.user_tag
GROUP BY tag_name, tag_value, user_id;
```

转换之后的 ads.tag_user_bitmap 已经可以支撑业务的即席查询访问了，业务建模工程师的任务也就完成了。

9.2.3 运营阶段

用户画像的一个核心能力就是在运营阶段通过特征快速选择人群，进行精准的营销。

1. 人群圈选

人群圈选的功能是输入一串标签，找出符合标签的人群列表，向其精准营销。例如，索尼发布了 PS5（PlayStation 5）夜间会员服务，该服务让用户可以在每天晚上免费畅玩 PS5 的所有游戏。如果推广该服务，那么人群标签可以为夜猫子、高消费人群。将这两个标签输入用户画像系统，用户画像系统可以迅速得出符合这两类特征的所有人群，代码如下。

```
WITH
(
    -- 筛选夜猫子人群
    SELECT tag_bitmap
    FROM ads.tag_user_bitmap
    WHERE toDate(create_at) = today() AND tag_value = '夜猫子'
) AS user_group_1,
(
    -- 筛选高消费人群
    SELECT tag_bitmap
    FROM ads.tag_user_bitmap
    WHERE toDate(create_at) = today() AND tag_value = '高消费人群'
) AS user_group_2
SELECT bitmapToArray(bitmapAnd(user_group_1, user_group_2)) -- 对两个人群取交集
```

2. 人群加减

在部分营销活动中，人群圈选无法满足需求。例如某公司进行感恩回馈活动，给所有还不是会员的高消费人群赠送一年会员，这类需求需要使用人群加减的能力，即筛选高消费人群，减去会员人群，代码如下。

```
WITH
(
    -- 筛选夜猫子人群
    SELECT tag_bitmap
    FROM ads.tag_user_bitmap
    WHERE toDate(create_at) = today() AND tag_value = '高消费人群'
) AS user_group_1,
(
    -- 筛选高消费人群
    SELECT tag_bitmap
    FROM ads.tag_user_bitmap
    WHERE toDate(create_at) = today() AND tag_value = 'VIP用户'
) AS user_group_2
SELECT bitmapToArray(bitmapAndnot(user_group_1, user_group_2)) -- 对两个人群相减
```

9.3 基于 ClickHouse 的用户画像系统的优点

基于 ClickHouse 的用户画像系统相比于传统的基于 Hive+Elasticsearch 的用户画像系统具备很多优点，本节介绍基于 ClickHouse 的用户画像系统的优点。

1. 架构简单、开发成本低、开发周期快

基于 ClickHouse 的用户画像系统最大的优点就是架构简单。对于一些中小型企业来说，只需要安装 ClickHouse 数据库即可满足所有需求。如果使用基于 Hive+Elasticsearch 的方案，硬件成本很高不说，还需要非常多的软件共同配合。

ClickHouse 的开发成本低，用户画像系统工作量最大的部分是定义标签。ClickHouse 支持使用 SQL 语句进行标签定义，而 Elasticsearch 不支持 SQL，需要使用 Elasticsearch 原生的 DSL（Domain-Specific Language，领域特定语言）进行查询。两者对比一下，SQL 语句相对简单，掌握的人多，使用成本更低；而 Elasticsearch 的 DSL 不是通用语言，掌握的人比较少，学习成本也更高。综合来看，使用 ClickHouse 的开发周期更快，成本更低。

2. 查询速度快

ClickHouse 以查询速度快著称，单机情况下对于千万级别的用户数据量，能做到毫秒级响应。

3. 标签定义灵活

ClickHouse 使用 SQL 语句进行标签定义，可以灵活定义各类标签。同时，在实际使用中还有一类派生标签，派生标签是基于已有原生标签定义的，例如本章所举的例子，已经有了高消费人群和性别标签，那么可以基于这两个原生标签定义一个名为高消费女性的派生标签。

使用 ClickHouse 构建用户画像系统，可以实时完成对派生标签定义的修改，更好地支撑业务。

4. 运维成本低、架构灵活

基于 ClickHouse 的用户画像系统架构简单，运维成本更低，同时能获得极大

的灵活度，例如当数据量非常大，超出 ClickHouse 的 Join 能力时，完全可以引入 Hadoop、Spark 等重量级大数据集群，将 ClickHouse 的 Join 操作下推到这些大数据组件中实现。ClickHouse 能够很好地与这些组件配合，构建架构灵活的用户画像系统。

9.4　本章小结

本章介绍了如何基于单机 ClickHouse 构建用户画像系统。用户画像的场景以及技术特征与 ClickHouse 非常吻合，很多企业已经开始基于 ClickHouse 构建起用户画像系统。

本章以单机版 ClickHouse 为例，内容稍微修改便可以适配 ClickHouse 集群。由于 ClickHouse 的分布式集群必须基于本地表进行构建，因此当单机 ClickHouse 无法满足需求时，可以平滑升级到基于集群 ClickHouse 的用户画像系统，只需要创建几个代理表。

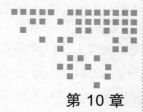

第 10 章 *Chapter 10*

ClickHouse 的存算分离架构

存算分离架构即存储与计算分离架构，是近几年数据库架构领域的流行架构。ClickHouse 也提供了一些特性，帮助用户构建存算分离架构的 ClickHouse 架构。本章介绍存算分离架构的背景、意义，并向读者演示如何建立存算分离的 ClickHouse。

10.1 存算分离架构背景

本节介绍存算分离架构的背景知识。

10.1.1 相关概述

存算分离架构的内涵是存储与计算解耦，即不要求存储和计算在同一台服务器上执行。存储与计算分离后，存储节点与计算节点之间通过网络传输数据，计算节点可以依据实际需求动态地增加或减少，实现计算节点的动态扩缩容。

在正式介绍存算分离前，需要了解分布式系统架构中的资源调度机制，这是区分存算分离架构的关键。在分布式系统架构中，资源调度机制从早期的事前调度，发展到如今的事后调度。事前调度指的是在系统设计初期就确定好分布式系统的并发度；事后调度则是指依据业务需求进行动态扩缩容。

在分布式系统中，事后调度基于移动数据还是移动程序，形成了两大调度机制。以 YARN（Yet Another Resource Negotiator，另一种资源协调者）为首的 Hadoop 阵营认为在大数据中，迁移数据的成本远大于迁移程序的成本，坚持将程序调度到离数据近的地方；以 Kubernetes 为首的云原生阵营则认为在云计算中，数据是一个个用户请求，其数据量很小，坚持数据移动到程序所在的节点。

两种调度机制格格不入，无法兼容，各有面向的场景，在各自领域中发挥着重要的作用。

随着云计算技术的发展，尤其对象存储的成本越来越低，使得架构师们开始思考，能否使用云计算对象存储价格低的优势存储大数据中的海量数据，避免使用昂贵的云服务器存储数据，即平时将数据存储在价格低廉的对象存储中，在需要计算时，动态创建计算节点，完成计算任务。

由于 YARN 的移动计算程序调度机制，在搭建 YARN 时，节点除了需要承担存储的职能之外，还需要承担计算的职能，因此需要将存储（即 HDFS）部署在价格昂贵的弹性计算服务器上。同时，也使得 YARN 无法配合对象存储一起使用，因为对象存储并不会执行计算程序。相比之下，Kubernetes 的调度机制天然适配对象存储，只需要在动态创建计算节点时将对象存储挂载为计算节点的本地磁盘。

存算分离架构的目的在于通过对架构的改造，使得程序可以使用 Kubernetes 的调度机制，从而降低云上的成本。

10.1.2　存算分离的典型架构

图 10-1 展示了一个存算分离的典型架构，其中计算节点将对象存储挂载为本地存储，从而通过网络访问对象存储中的数据。通过网关对外提供服务，网关在收到访问请求后会在计算集群中依据查询需求动态启动数量不等的计算节点，且在计算

任务完成后释放，实现了计算节点的动态伸缩。

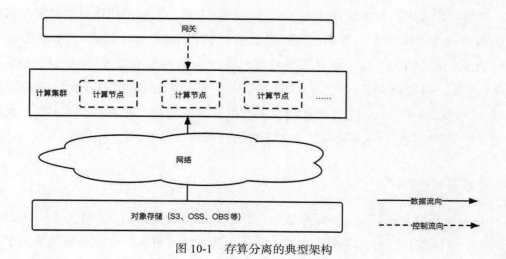

图 10-1　存算分离的典型架构

存算分离的典型架构有如下特点。

❑ 计算节点动态申请。
❑ 使用对象存储。
❑ 计算节点和存储之间通过网络交换数据。

10.1.3　存算分离的意义

进行存算分离改造后，可以将 Kubernetes 的调度应用到 OLAP 数据库上，这使得 OLAP 数据库也能享受云厂商提供的低成本存储的便利，主要体现在如下 5 个方面。

1. 降低初始成本

在构建传统的 Hadoop 大数据系统时，需要至少部署 HDFS、Spark、YARN 等组件。即使用户不做任何计算，只是单纯地存储数据，都需要一套最基础的服务器集群。另外，由于 HDFS 默认将数据存储 3 份副本，以提高并发性和可用性，因此 Hadoop 需要更大的磁盘空间。这就导致了部署一套最基本的 Hadoop 集群也需要不小的成本。

读者可以去阿里云或腾讯云等云服务商的官方网站了解弹性计算和对象存储的价格差距。本章以阿里云为例，在阿里云上存储 10TB 数据，如果使用 Hadoop 的调度机制，需要 10 台 3TB 硬盘的服务器，按照大数据服务器基本的 8 核 CPU 和 32GB 内存，成本约为 5 万元 / 月。而使用阿里云对象存储，10TB 数据只需要约 1200 元 / 月的费用。尤其是在企业建设大数据系统的初期，业务需求并不高，此时使用存算分离架构可以大幅降低大数据系统的初始建设成本。

2. 提高可扩展性

Hadoop 集群在扩容时，必须将数据进行再平衡（rebalance），否则无法从 Hadoop 的优化中获得收益，而再平衡操作需要消耗时间和带宽资源，存算分离架构由于计算节点不存储数据，因此动态扩缩容的消耗更小，相比较于 Hadoop 架构，具有更高的可扩展性。

3. 降低资源成本

Hadoop 由于动态扩缩容能力较差，因此需要事先安排好资源，这就导致了如果业务存在峰谷，必须按照业务高峰的需求来准备资源，这会导致集群在业务低谷期任务不饱和，造成极大的资源浪费，带来成本虚高的问题。

存算分离架构按需生成计算节点，不需要事先准备计算资源，可以极大地避免业务峰谷带来的资源浪费问题，降低成本。

4. 提高可用性

由于存算分离架构的计算节点不保存数据，数据都保存在对象存储上，因此计算节点的故障不会导致系统数据丢失，只会导致任务重启，影响任务延时，而不会影响系统可用性。由于云厂商的对象存储保证向用户提供 99.995% 的数据可用性，因此存算分离架构相比较于传统的分布式系统，可用性更高且更容易实现高可用。

5. 加快计算速度

影响大数据计算速度的主要因素在 I/O 时间上。同样，存算分离架构可以通过降低 I/O 时间来提高计算速度。

这里有一个事实，可能会颠覆读者的认知：在理想状态下，网络传输数据的时间远快于磁盘读取相同数据量数据所需的时间。近几年，网络设备飞速发展，网卡的速度已经可以达到 100Gbps，而广泛应用在服务器上的机械硬盘的速度仅为 1Gbps，两者相差 100 倍。存算分离架构可以降低磁盘的 I/O 时间，从而提高计算速度。阿里云 OSS 默认向用户提供 10Gbps 的带宽，最高可以达到 100Gbps。充分利用云厂商提供的带宽，可以极大提升计算速度。

10.1.4　存算分离的局限

任何架构都是有得必有失，存算分离架构也一样，在带来优势的同时也牺牲了一些特性。存算分离有一个非常重要的前提——必须在云上构建存算分离架构。如果读者在自己公司的自建机房中构建存算分离架构，上述提到的所有优势，都或多或少会打折扣，或者需要花费非常昂贵的成本。核心原因是存算分离架构并没有解决 Hadoop 在设计之初就考虑的问题，只是将这些问题交给云厂商来解决而已。读者如果在自建机房中部署存算分离架构，这些问题都会暴露出来，并且需要读者自己解决。

1. 无法降低初始成本

自建机房构建存算分离架构，需要自行部署存储系统。自行部署存储时，无法按需扩容，必须依据业务进行事先规划，需要购买的硬件设备和该有的冗余副本一个也不能少。这些成本并不比搭建一个 Hadoop 集群低多少。而云上的存算分离架构则不需要考虑构建存储系统，这项工作由云厂商负责，用户只需要按量付费。

2. 可扩展性降低

自建机房中的可扩展性受机房规模的影响，如果机房内的服务器已经达到饱和，此时需要重新采购服务器，无法进行动态扩容，可扩展性会降低。而云上存算分离架构的这项工作由云厂商负责，用户不需要考虑。

3. 无法降低资源成本

自建机房中的存算分离架构，即使释放了计算节点，也无法停止计费，动态缩容是没有意义的。动态扩容又受到机房容量的影响，如果事先按照业务高峰规划了资源，那么在低谷时即使释放了计算节点，资源浪费的现象也依然存在。而云上的存算分离架构在释放计算节点后，云厂商可以将这部分资源销售给其他客户。

4. 可用性成本高

云上存算分离的可用性由云厂商保障，在自建机房中，读者需要自行考虑可用性，这项工作需要非常强大的运维能力，会极大提高运维成本。

5. 加速计算成本高

网络效率高于磁盘效率的前提是在理想情况下，事实上这个理想情况的条件非常苛刻，与网络拓扑、存储布局、数据冗余情况、服务器硬件配置等多种因素有关。通过网络加速计算，需要非常强大的资源调度能力、运维能力，需要投入非常高的成本。而在云上的存算分离架构，这些条件由云服务商保障。

从整体上看，构建存算分离架构所需要的成本并不比搭建 Hadoop 集群低。由于某些特性需要更昂贵的硬件、运维需要更多的高级工程师，其成本甚至高于搭建 Hadoop 的成本。存算分离本质上是云厂商将这些昂贵成本通过庞大的客户群进行摊销，从而给单个用户带来了价格低的感觉。

除非读者所在的公司具备非常强悍的技术能力，否则不要轻易在自建机房中使用存算分离架构。而这也是存算分离付出的代价：重度依赖优化和成本摊销。

10.2　ClickHouse 中的存算分离

在云上使用存算分离架构可以降低成本，ClickHouse 也提供了一些功能用于实现存算分离架构。本章介绍 ClickHouse 存算分离架构的实现方式及注意事项。

10.2.1　实现方式

在 ClickHouse 上实现存算分离的方式有两种：利用 ClickHouse 原生功能和利用中间件实现。本节将分别介绍这两种实现方式。

1. 利用 ClickHouse 原生功能

ClickHouse 原生提供了将 S3 配置为虚拟磁盘的能力，只需要在配置文件中配置 S3 的地址和存储策略。下面展示一个配置文件的示例，通过该配置即可将 S3 设置为 ClickHouse 的虚拟磁盘。

```
<yandex>
    <storage_configuration>
        <disks>
            <s3>   <!--- 配置 S3 地址 -->
                <type>s3</type>
                <endpoint>http://s3.us-east-1.amazonaws.com/my_bucket/data</
                    endpoint>
                <access_key_id>*****</access_key_id>
                <secret_access_key>*****</secret_access_key>
            </s3>
        </disks>
        <policies>    <!--- 配置存储策略 -->
            <s3>
                <volumes>
                    <s3>
                        <disk>s3</disk>
                    </s3>
                </volumes>
            </s3>
        </policies>
    </storage_configuration>
</yandex>
```

配置虚拟磁盘后，即可在建表时通过配置存储策略实现存算分离。下面展示一个创建存算分离表的示例。

```
    CREATE TABLE table_name
(
    EventDate DateTime,
    CounterID UInt32,
    UserID UInt32
) ENGINE = MergeTree()
    SETTINGS storage_policy = 's3';        // 在此处设置存储策略为 s3
```

存算分离表配置完成后，后续所有的插入操作都会将数据写入 S3。在实际使用时，可以借助 ClickHouse 的这个机制实现动态扩缩容。需要注意的是，由于 ClickHouse 没有调度器，因此并不会自动进行动态扩缩容，需要读者自行实现相关逻辑。此时，可以使用 Kubernetes 的动态伸缩能力。

使用 ClickHouse 原生能力实现 S3 存储后，依然可以借助 ClickHouse 提供的复制表引擎实现分摊查询以提高查询性能。由于底层存储使用 S3 时，S3 会自动对数据进行多份复制存储，来保证数据不丢失和稳定的并发性能，因此不需要 ClickHouse 的复制表引擎来复制数据，只需要同步元数据。这是 ClickHouse 在新版本中加入的零拷贝优化。

零拷贝优化指的是当复制表引擎底层存储为 S3 时，ClickHouse 只会在两个节点上同步元数据，而不会复制数据。

2. 利用中间件

由于 ClickHouse 原生的能力需要将存储策略配置到表级别，因此一个 ClickHouse 集群中会混合存在着本地表和存算分离的表。这种复杂的机制会给用户带来一些负担。除了利用 ClickHouse 原生功能，还可以使用中间件实现存算分离架构。相比于 ClickHouse 原生能力，利用中间件可以对 ClickHouse 隐藏底层存储的细节，在 ClickHouse 中以本地磁盘的形式提供存储功能。

由于 ClickHouse 访问本地磁盘使用 POSIX（Portable Operating System Interface，可移植操作系统接口）的标准，因此这类中间件需要具备将对象存储转换为 POSIX 的能力。表 10-1 列出了几个具备这类能力的开源项目，读者可以依照表中的对比自行选择。由于国内大部分云厂商的对象存储都是兼容 S3 协议的，因此表中的这些中间件完全可以兼容多种云厂商的对象存储服务。

表 10-1　POSIX 中间件开源项目

名称	开源协议	优势	劣势
Alluxio	Apache 2.0	高性能、分布式	• 不完全兼容 POSIX • 部署所需的资源较多 • 部署较复杂
S3FS/OSSFS/COSFS/OBSFS	GPL（General Public License，通用公共授权协议）	部署简单	GPL 对商业使用不友好
S3QL	GPL	部署简单	• 不保证可靠性 • 元数据存储只支持 SQLite • GPL 对商业使用不友好
JuiceFS	Apache 2.0	高性能、分布式	元数据存储容易成为性能瓶颈，需要进行优化

在云上部署时，建议使用 JuiceFS。JuiceFS 的元数据存储能力可以使用云厂商提供的云服务器，实现零运维。另外，JuiceFS 对文件存储进行了优化，会将文件通过三级映射，切片为 4MB 的块进行存储，增强了并发能力。下面展示将 S3 挂载为 /mnt/data 目录的示例。

```
// 配置 S3 地址
juicefs format \
    --storage s3 \
    --bucket https://<bucket>.s3.<region>.amazonaws.com \
    --access-key <access-key-id> \
    --secret-key <access-key-secret> \
    mysql://xxxx/xxx \      // 此处更换为元数据存储的数据库地址
    s3data

// 挂载到 /mnt/data
sudo juicefs mount -d mysql://xxxx/xxx  /mnt/data
```

按照上述代码的指引挂载完成后，即可将 ClickHouse 配置文件中的数据路径修

改为 /mnt/data。ClickHouse 会将数据写入 /mnt/data，由 JuiceFS 负责将数据重新组织后写入 S3。

借助 POSIX 中间件可以将云厂商提供的对象存储挂载为本地磁盘，从而无侵入地将 ClickHouse 中的数据存储到对象存储中，避免 ClickHouse 原生功能难以运维的缺点。

由于使用中间件就无法使用 ClickHouse 原生能力提供的零拷贝优化，因此无法借助 ClickHouse 的复制表引擎实现基于复制表的查询优化。需要读者自行实现相关逻辑。读者可以根据实际场景选择一种方式。对于简单的场景，建议使用 ClickHouse 原生的能力，对于有复杂的动态扩缩容需求的场景，可以使用 POSIX 中间件的方式实现。

当然，和 ClickHouse 原生能力一样，将数据写入对象存储只是第一步，后续对 ClickHouse 的查询依然需要读者自行开发动态扩缩容功能。

10.2.2 注意事项

在使用原生 ClickHouse 实现存算分离时，有一个很重要的内容，需要读者了解并做好准备。ClickHouse 在实现 S3 存储时，会按照第 4 章提到的文件组织形式组织文件层次，这个层级结构保存在 ClickHouse 所在服务器本地的数据目录内。S3 中只会将所有文件放在同一层级的目录中，即将层级结构扁平化。这么做的原因是对象存储中的层级结构是以 Key-Value 形式模拟的，导致对象存储的罗列文件的 list 函数性能较慢，影响 ClickHouse 性能。

这样的设计导致计算和存储并没有完全分离，或者说计算节点并不是无状态的，单凭 S3 中的数据无法被 ClickHouse 所识别，也就无法实现真正的存算分离。对于复杂的、需要动态扩缩容的场景，不建议使用 ClickHouse 原生的功能实现。

虽然利用 POSIX 中间件能够解决该问题，但部分中间件没有对文件进行优化，会导致 list 性能变慢，从而影响 ClickHouse 性能。建议使用 JuiceFS，因为 JuiceFS

的元数据保存在第三方的元数据存储中，对 JuiceFS 的 list 操作本质上是对元数据库的查询，而不是对对象存储的查询。这样既避免了对象存储 list 性能慢的问题，也将状态独立于 ClickHouse 保存，使得 ClickHouse 的计算节点可以完全无状态，从而更好地支持动态扩缩容。

10.3　存算分离架构给 ClickHouse 带来的优势

将 ClickHouse 部署为存算分离架构，除了 10.1.3 节提到的 5 个优势之外，还有一些优势。

1. 提高 ClickHouse 的并发能力

由于 ClickHouse 的设计充分利用了单机的硬件资源，每次计算都会充分利用硬件进行加速，但有限的硬件资源也限制了 ClickHouse 的并发能力。解决这个问题可以通过 ClickHouse 的复制表引擎，将表复制到集群中的其他机器上以提高并发能力。需要注意的是，数据复制的成本较高，且在存在业务峰谷的场景下会带来资源的浪费。

使用存算分离架构的 ClickHouse 可以缓解该问题。存算分离架构下的 ClickHouse 计算节点是按需动态创建的，性能瓶颈在对象存储的带宽上，而对象存储的带宽远比一般的硬盘快，因此通过存算分离架构可以提高 ClickHouse 的并发能力。

2. 解决分布式 ClickHouse 的性能瓶颈

分布式 ClickHouse 通过 ZooKeeper 实现节点之间的数据同步，在写入数据量比较大的情况下，会触及 ZooKeeper 的性能瓶颈，从而产生木桶效应，降低分布式 ClickHouse 的性能。社区已经意识到了这个问题，在新版本中采用了 Raft 协议实现了 clickhouse-keeper 来取代 ZooKeeper，获得了性能的提升。这种改造只是提高了同步的性能，依然需要在节点间复制数据，占用大量的网络带宽。

使用存算分离架构的 ClickHouse，存储由云厂商的对象存储负责，计算节点之间不需要进行数据复制。云厂商会自动对写入的数据进行多副本冗余存储以保证 QoS（Quality of Service，服务质量），由此解决了分布式 ClickHouse 的性能瓶颈。

3. 具备更强的分布式潜力

ClickHouse 的分布式能力比较弱，尤其在处理大表 Join 操作时，ClickHouse 经常出现失败的情况。而借助存算分离架构，不需要考虑网络质量、数据局部性等能力，可以更灵活地调整 ClickHouse 的物理计划，实现高性能的分布式 ClickHouse。ClickHouse 没有提供这样的物理计划引擎，需要读者自行实现，存算分离只是增强了 ClickHouse 的潜力。

10.4　本章小结

本章首先介绍了存算分离架构的背景及意义，在云上使用存算分离架构能极大地降低成本，充分利用云厂商提供的运维服务及技术能力，这并不代表在自建机房中使用存算分离架构也能获得相同的收益。然后介绍了如何在 ClickHouse 中实现存算分离。ClickHouse 提供了一些原生的功能帮助用户实现基础功能，由于原生的功能较弱，无法支撑复杂的场景，因此也可以使用 POSIX 中间件实现。不管采用哪种方式，因为 ClickHouse 都没有提供调度器，所以只能实现简单的功能，动态扩缩容需要读者自行实现。

第 11 章　*Chapter 11*

ClickHouse 的分布式架构

ClickHouse 通过高度协调配合的存储引擎和计算引擎，实现了令人惊叹的单机性能，但是再强的单机性能也会遇到瓶颈，此时分布式架构就成为解决单机瓶颈的一个选择。本章介绍 ClickHouse 分布式架构的原理及使用方法。

11.1　架构特点及对比

ClickHouse 使用多主架构实现分布式表引擎。图 11-1 展示了一个典型的 ClickHouse 集群示意图。

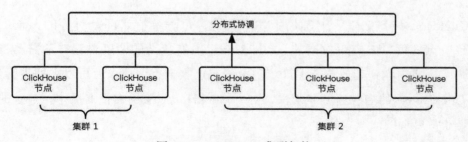

图 11-1　ClickHouse 集群架构

图 11-1 中 5 个 ClickHouse 节点通过一个分布式协调组件组成了 2 个逻辑集群，每个节点都可以独立对外提供服务，分布式协调组件只是用于 ClickHouse 内部节点的协调，不负责对外提供服务。相比于 Hadoop 的主从结构，多主架构具备如下特点。

❏ 集群中每个节点都可以独立对外提供服务。
❏ 节点之间无共享，同步由第三方分布式协调组件提供。
❏ 无主节点或所有节点都是主节点。

11.1.1 ClickHouse 分布式架构的优点

ClickHouse 使用多主架构实现分布式引擎，将获得如下优势。

1. 实现简单

ClickHouse 使用多主架构实现分布式引擎，由于多主架构不需要在节点之间共享信息，因此实现非常简单。在实现分布式表引擎时，按照本地表的代理方式实现即可，实现逻辑相对简单。可以引入一个外部的分布式协调组件复制表引擎，不需要复杂的同步机制。

另外，ClickHouse 不支持数据修改，不会对内部数据进行再平衡，这意味着 ClickHouse 不需要复杂的集群间协调，可以使用较为简单的多主架构实现。

2. 响应速度快，提升查询性能

ClickHouse 分布式表引擎使用 MPP 架构，每一台节点都是对等的，查询时任意一台节点都可以响应用户请求。ClickHouse 没有复杂的调度过程，不需要将任务按照调度策略调度到其他节点上计算。由于节点收到查询请求后可以立即进行计算，因此 ClickHouse 的响应速度非常快，对于 ClickHouse 擅长的查询操作，节省的调度时间是非常可观的。

3. 可用性高

ClickHouse 使用 MPP 架构，所有节点之间没有共享信息，这意味着 ClickHouse 不会由于单点故障导致整个集群无法响应。在 ClickHouse 中，单个节点的故障最多只会引起某些数据失效，并不会将单点故障扩散到整个集群。

11.1.2　ClickHouse 分布式架构的缺点

同样地，ClickHouse 的分布式架构也因为多主架构而产生了一些缺点。

1. 存在木桶效应

ClickHouse 使用的多主架构模式普遍会存在木桶效应。数据由每个节点自己管理，如果某个节点的性能比较低，那么运行在该节点上的计算程序会变慢，从而拖慢整个集群的计算速度。此时，增加节点也无法解决该问题，使得集群出现瓶颈。对于 ClickHouse 集群，最好选择相同的节点配置。

2. 无法支持复杂的 SQL 优化

由于 ClickHouse 的多主架构没有统一的任务调度器，因此只能实现简单的任务调度能力，无法支持复杂的 SQL 优化。

ClickHouse 目前的任务执行逻辑不具备 Shuffle 能力，导致其只能使用效率比较低的 Broadcast Join 算法。这种算法在执行 Join 操作时会将其中一个表的数据广播到所有的计算节点，只有在右表数据量比较小的前提下才能达到很高的性能。对于左表和右表数据量都很大的场景来说，这种算法会带来非常大的网络 I/O，降低查询速度。而效率更高的 Shuffle Join 算法需要更复杂的任务调度和资源调度，现阶段的 ClickHouse 任务执行逻辑因分布式架构较为简单，暂时无法支撑 Shuffle Join 的实现。

3. 运维复杂，扩容缩容需要用户进行额外操作

ClickHouse 采用多主架构，没有统一的资源管理，在扩容时，新加入的节点是

空的，ClickHouse 不会自动在集群间再平衡数据，这给运维带来了挑战。集群扩容后需要将数据进行重新分布。

同样地，ClickHouse 集群在缩容时，也需要用户自行将数据迁移到集群的节点上，这样的设计给运维带来了复杂度。

11.1.3　ClickHouse 与 Hadoop 的分布式架构对比

1. 数据管理

Hadoop 数据存储于 HDFS，HDFS 是主从架构，数据由主节点统一管理，由主节点负责将数据切分并分配到底层数据节点中。元数据也由主节点统一管理，数据节点只负责存储数据。

ClickHouse 数据由各个节点自行管理，其分布式表只是代理，不具备数据管理的能力，元数据也都分布在各个节点中。

2. 调度

Hadoop 调度使用了一个统一的 yarn 调度器。yarn 是一个支持异构资源框架的多租户抢占式分布式资源调度器，负责调度任务、重试失败任务、收集任务结果、基于调度策略抢占低优先级任务的资源、统一管理集群中的资源。Hadoop 通过 yarn 调度器，可以实现很多复杂的功能。

ClickHouse 没有统一的调度器，其多主架构支持任意一个节点接收查询任务。简单的调度策略使得 ClickHouse 更适合执行需要快速得出响应结果的分析任务。

11.2　基本概念

本节向读者介绍 ClickHouse 分布式架构中的几个基本概念，ClickHouse 的分布式表引擎是建立在这些基本概念之上的。

11.2.1 集群

集群是 ClickHouse 分布式架构的基础，ClickHouse 中的集群是逻辑上的，可以随时通过配置文件进行修改。通过 ClickHouse 的配置文件，用户可以按照业务需求灵活调整物理机器组成集群的方式。可以将所有的 ClickHouse 节点组成一个逻辑集群，也可以组成多个逻辑集群。图 11-1 中的 5 个 ClickHouse 节点组成了 2 个逻辑集群，在未来也可以通过配置将其变更为 1 个大集群。ClickHouse 的集群配置灵活多变，能够依据业务进行灵活调整。

配置逻辑集群的前提是必须配置好分布式协调组件，逻辑集群中的所有计算节点必须连接到同一个分布式协调组件之中，以实现各种数据复制、数据同步等能力。下列代码展示了分布式协调集群的方式，分布式协调组件可以和 ClickHouse 节点共用服务器，也可以使用完全独立的服务器，需要用户按照实际情况进行选择。一般对于数据量较小且预算较少的场景，可以复用 ClickHouse 的节点。

```
<keeper_server>
<tcp_port>2181</tcp_port>
<server_id>1</server_id>
<log_storage_path>/var/lib/clickhouse/coordination/log</log_storage_path>
<snapshot_storage_path>/var/lib/clickhouse/coordination/snapshots</
    snapshot_storage_path>

<coordination_settings>
    <operation_timeout_ms>10000</operation_timeout_ms>
    <session_timeout_ms>30000</session_timeout_ms>
    <raft_logs_level>trace</raft_logs_level>
</coordination_settings>

<raft_configuration>
    <server>    <!-- 分布式协调节点 1 -->
        <id>1</id>
        <hostname>zoo1</hostname>
        <port>9444</port>
    </server>
    <server>    <!-- 分布式协调节点 2 -->
        <id>2</id>
        <hostname>zoo2</hostname>
        <port>9444</port>
```

```
        </server>
        <server>  <!-- 分布式协调节点 3 -->
            <id>3</id>
            <hostname>zoo3</hostname>
            <port>9444</port>
        </server>
    </raft_configuration>
</keeper_server>
```

11.2.2　副本

数据副本可以保证 ClickHouse 集群中多个节点的数据一致。ClickHouse 中的数据副本经常容易混淆，需要注意的是，ClickHouse 的数据副本有 3 种内涵。

1. 分片中的副本

分片在狭义上只是配置文件中的逻辑概念，本身并没有任何能力，只是对服务器进行了逻辑上的划分，分片中的副本也只是逻辑上的概念。分片必须配合 ClickHouse 的分布式表引擎才能发挥作用。

2. 复制表引擎中的副本

ClickHouse 复制表引擎中的副本是一个真实存在的表，每一个复制表引擎中的副本都对应着 ClickHouse 集群中的一个物理表。这些物理表互为副本，复制表引擎会保证这些表中的数据时刻同步。

3. 分布式表引擎中的副本

分布式表引擎中的副本也是一个逻辑概念，具体实现时按照底层物理表的不同而产生不同的影响，详细内容可以参考 11.4 节介绍的 ClickHouse 分布式表引擎。

ClickHouse 中的副本指的是不同数据库的两张表中的数据保持一致。副本的具体行为会依据底层不同的实现而有所不同。不同的底层实现也对应着不同的配置方式，读者可以参考 11.4.4 节的介绍，了解不同副本的处理方式。

笔者认为，副本的配置方式原本是不需要设计得如此复杂的。ClickHouse 可能是由于其在架构设计时没有重视分布式能力，在分布式设计上比较随意，没有通盘考虑，最终导致了这种复杂设计。

11.2.3　分片

ClickHouse 的副本并不会直接提高查询能力，只是通过数据冗余间接提高了集群性能，这并没有解决 ClickHouse 单机瓶颈的问题。要解决单机瓶颈，需要依靠 ClickHouse 的分片（shard）。

分片指的是数据表中的数据分布在不同的物理服务器上，类似于数据库中的分库，从而解决 ClickHouse 的单机瓶颈的问题。数据分布可以按照业务的实际需求，使用多种策略，可以按照业务进行分片，例如按照性别，将所有男性的数据放置于分片 1 上，将所有女性的数据放置于分片 2 上；也可以按照字段进行随机分布，以避免出现数据倾斜。

分片可以和副本一起使用，即利用分片分散数据表的数据，结合副本将分片中的数据复制到另一台节点上以提高查询能力。下列代码展示了配置分片的示例，定义了一个名为 cluster_1 的集群，集群中有 2 个分片，每个分片有 2 个副本。

```
<remote_servers>
<cluster_1>  <!-- 集群名称 -->
    <shard>
        <weight>1</weight>
        <internal_replication>false</internal_replication>
        <replica>
            <priority>1</priority>
            <host>example01-01-1</host>
            <port>9000</port>
        </replica>
        <replica>
            <host>example01-01-2</host>
            <port>9000</port>
        </replica>
    </shard>
```

```
        <shard>
            <weight>2</weight>
            <internal_replication>false</internal_replication>
            <replica>
                <host>example01-02-1</host>
                <port>9000</port>
            </replica>
            <replica>
                <host>example01-02-2</host>
                <secure>1</secure>
                <port>9440</port>
            </replica>
        </shard>
    </cluster_1>
</remote_servers>
```

11.3 ClickHouse 的复制表引擎

通过 ClickHouse 提供的 Replicated*MergeTree 表引擎，可以在 ClickHouse 集群中创建副本，保证多台节点的表数据保持一致。ClickHouse 中的副本具备如下特点。

❑ 副本是表级别的，用户需要对每一个有必要做副本的表进行配置。也就是说，一个数据库中混合存在本地表和复制表。

❑ 副本必须依赖分布式协调组件，必须按照 11.2.1 节介绍的方式配置好分布式协调组件。分布式协调组件虽然负责多节点的数据同步，但不会介入查询过程。对副本表进行查询等价于对本地表进行查询。

11.3.1 创建复制表

下列代码展示了配置副本的操作方式。首先在每一个节点的配置文件中配置好 #1 宏替换占位符，必须保证代码中的配置项 shard 在每个 ClickHouse 节点上不同。接下来在每一个需要创建副本的 ClickHouse 节点上执行 #2 建表语句，建表语句中的占位符会被 ClickHouse 用宏替换。

```
#1 宏替换占位符
<macros>
    <shard>02</shard>
    <replica>example05-02-1.yandex.ru</replica>
</macros>

    #2 建表语句
CREATE TABLE table_name
(
    EventDate DateTime,
    CounterID UInt32,
    UserID UInt32,
    ver UInt16
) ENGINE = ReplicatedMergeTree('/clickhouse/tables/{layer}-{shard}/table_
    name', '{replica}')
PARTITION BY toYYYYMM(EventDate)
ORDER BY (CounterID, EventDate, intHash32(UserID))
SAMPLE BY intHash32(UserID);
```

11.3.2 复制表复制

副本的复制是多主异步的，对副本中任意一个节点的操作都会同步到副本中的所有节点。由于复制是异步的，因此可能存在不一致的窗口，ClickHouse 会保证数据的最终一致性。

在数据复制的过程中，ClickHouse 会通过简单的事务提供有限的原子性保障。ClickHouse 保证单个数据块的写入是原子和唯一的，数据块的大小可以通过 max_insert_block_size 进行配置，默认大小是 1048576（2^{20}）条。

11.3.3 复制表查询

复制表的查询和本地表一致，直接对表进行查询即可。复制表不会直接提高查询的性能，ClickHouse 的任务调度不会通过复制表来加速查询。复制表最大的作用在于避免数据丢失。

用户可以自行利用复制表实现读写分离、提高 ClickHouse 集群的并发能力，从而间接提高 ClickHouse 的性能。这些功能需要用户自行实现，ClickHouse 并没有原主提供这样的能力。

从 ClickHouse 对副本的实现来看，副本只是在本地表的基础上增加了数据同步的能力，会自动将数据在副本间进行同步，本质上还是本地表。

11.4 ClickHouse 分布式表引擎

ClickHouse 的分布式表引擎本身并不存储数据，只是对多台节点上的物理表进行代理。通过 ClickHouse 的分布式表引擎可以在多台服务器上进行分布式查询，从而解决单机性能瓶颈。ClickHouse 的分布式表引擎必须依赖 11.2.3 节介绍的分片配置才能运行。本节介绍 ClickHouse 分布式表引擎的使用方法及运作机制。

11.4.1 创建分布式表

由于分布式表只是本地表的一个代理，因此分布式表必须建立在本地表之上。ClickHouse 使用读时检查机制，在创建分布式表时并不检查本地表是否已经存在，创建表的顺序不会影响数据的正确性。下列代码展示了创建分布式表的方法。

```
#1 本地表未创建时创建分布式表
CREATE TABLE [IF NOT EXISTS] [db.]table_name [ON CLUSTER cluster]
(
    name1 [type1] [DEFAULT|MATERIALIZED|ALIAS expr1],
    name2 [type2] [DEFAULT|MATERIALIZED|ALIAS expr2],
    ...
) ENGINE = Distributed(cluster, database, table[, sharding_key[, policy_
name]])
[SETTINGS name=value, ...]

#2 #1 的等价创建方法
// 创建分布式表
CREATE TABLE [IF NOT EXISTS] [db.]table_name [ON CLUSTER cluster] AS [db2.]
    name2 ENGINE = Distributed(cluster, database, table[, sharding_key[,
    policy_name]])
// 创建本地表
// 以上两步的顺序可以互换
CREATE TABLE [IF NOT EXISTS] [db.]table_name [ON CLUSTER cluster]
(
    name1 [type1] [DEFAULT|MATERIALIZED|ALIAS expr1],
```

```
      name2 [type2] [DEFAULT|MATERIALIZED|ALIAS expr2],
      ......
) ENGINE = Distributed(cluster, database, table[, sharding_key[, policy_
      name]])
[SETTINGS name=value, ...]

      # 本地表已存在时的创建方式
      CREATE TABLE [IF NOT EXISTS] [db.]table_name [ON CLUSTER cluster] AS [db2.]
          name2 ENGINE = Distributed(cluster, database, table[, sharding_key[,
          policy_name]])
```

11.4.2 分布式表查询原理

ClickHouse 可以对分布式表中的任意一个节点发起查询。在查询分布式表时，接收用户查询语句的节点被称为发起节点，发起节点会将 SELECT 语句发送到每一个分片上执行，各个分片将结果汇总至发起查询的节点。这意味着 ClickHouse 不会自动依据数据分布对查询进行优化，例如继续某次查询的数据量比较小而集中在某一个分片上时，ClickHouse 依然会将 SELECT 语句分发到所有的集群中运行，这样非常浪费服务器资源。这是没有 CBO 和资源调度器导致的，遇到这类问题时，用户需要自行对数据分布进行优化。

如果分片配置了副本，ClickHouse 会依据 load_balancing 中的设置选择副本，默认使用随机模型。目前最新版本的 ClickHouse 支持 5 种负载均衡配置，分别是随机、最邻近主机名、按顺序查询、第一次或随机、轮询（Round Robin）。

1. 随机

计算每个副本的错误次数，选择错误最少的 1 个副本提供服务。如果有多个副本的错误次数相同，且都是最小的，则随机选择一个副本提供服务。

例如，发起查询的服务器主机名为 example-01，某次查询时，example-02、example-03、example-04 这 3 个服务器的错误数都是 0，依据随机原则，随机选择其中一个提供服务。

2. 最邻近主机名

计算每个副本的错误次数，选择错误最少的 1 个副本提供服务。如果有多个副本的错误次数相同，且都是最小的，ClickHouse 根据主机名，选择与发起查询的服务器的配置文件中主机名最相似的副本提供服务。

例如，发起查询的服务器主机名为 example-01，某次查询时，example-02、example-03、example-04 这 3 个服务器的错误次数都是 0，依据最邻近主机名原则，选择 example-02 提供服务。

3. 按顺序查询

计算每个副本的错误次数，选择错误最少的 1 个副本提供服务。如果有多个副本的错误次数相同，且都是最小的，ClickHouse 按照配置文件中副本的配置顺序，选择第一个提供服务。第一个发生错误时，按顺序选择第二个。

例如，发起查询的服务器主机名为 example-01，某次查询时，example-02、example-03、example-04 这 3 个服务器的错误次数都是 0，依据按顺序查询的原则，选择配置文件中的第一个服务器，即 example-02 提供服务。

4. 第一个或随机

计算每个副本的错误次数，选择错误最少的 1 个副本提供服务。如果有多个副本的错误次数相同，且都是最小的，ClickHouse 按照配置文件中副本的配置顺序，选择第一个提供服务。第一个发生错误时，在剩余的机器中随机选择一个进行查询。

5. 轮询

计算每个副本的错误次数，选择错误最少的 1 个副本提供服务。如果有多个副本的错误次数相同，且都是最小的，ClickHouse 会使用 Round Robin 算法依次将查询分摊到每一个副本服务器上执行，充分利用服务器资源。

11.4.3　分布式表的数据写入方案

向 ClickHouse 的分布式表中写入数据的方案有两种。

1. 直接写入

直接对 ClickHouse 的分布式表执行写入操作时，ClickHouse 会按照分片键和权重通过网络向各个分片写入数据。权重表示每个分片接收数据的概率，默认为 1，越大表示接收的数据越多。

当新的节点加入集群时，可以通过调大权重的方式迅速将数据写满节点，而不必对 ClickHouse 集群进行再平衡。

2. 自行决定数据分布并直接将数据写入本地表

由于 ClickHouse 的分布式表引擎只是本地表的代理，因此也可以将数据直接写入本地表。也就是说，用户按照自己的业务需求自行决定数据如何分布，并直接对本地表执行写入操作。

ClickHouse 官方推荐用户使用这个方案对 ClickHouse 的分布式表进行数据写入，这种方式的灵活度最高，能够应对不同的复杂场景。

11.4.4　分布式表中副本的处理方式

分布式表是本地表的一个代理，是建立在底层本地表之上的。底层本地表的一些特性会影响分布式表对副本的处理方式。

1. 底层表为普通表

当分布式底层表为普通表时，由分布式表负责将数据复制到所有的副本上。分布式表引擎并不会检查数据的一致性，如果有查询语句没有通过分布式表而是直接对本地表进行操作，这些操作不会被分布式表捕获而复制到副本上，此时会出现副本数据不一致的情况，导致查询结果出错。

这也是 ClickHouse 将分布式表作为底层本地表代理的一个缺陷，这种方式虽然简单，但是容易带来问题。

2. 底层表为复制表

当分布式底层表为复制表时，由复制表负责将数据同步到副本上，分布式表会忽略副本的数据复制过程。

ClickHouse 官方建议用户使用该方式实现副本的数据同步。使用该方式时，用户需要在配置分片时显式地将 internal_replication 设置为 true，该参数默认为 false。

11.5 本章小结

本章介绍了 ClickHouse 的分布式架构及其运作机制。ClickHouse 的强项并不在分布式架构上，其自身的分布式能力也只是聊胜于无。读者应当将 ClickHouse 应用到其擅长的领域，不用过分追求强大的分布式能力。

第 12 章 *Chapter 12*

ClickHouse 性能优化

ClickHouse 是一个性能很强的 OLAP 数据库，性能强是建立在专业运维之上的，需要专业运维人员依据不同的业务需求对 ClickHouse 进行有针对性的优化。同一批数据，在不同的业务下，查询性能可能出现两极分化。

12.1 性能优化的原则

在进行 ClickHouse 性能优化时，有几条性能优化原则。这几条原则指导了 ClickHouse 性能优化的方向，在优化方法发生冲突时，应当以如下两条原则为判断标准。

1. 先优化结构，再优化查询

在进行 ClickHouse 性能优化时，应当首先进行结构优化。合适的表结构和数据类型可以给性能带来非常显著的提升。在尚未进行结构优化的情况下，对 SQL 语句进行优化，对性能的影响比较小，甚至没有任何影响。ClickHouse 的查询性能受底层结构的影响非常大，因此应当先进行结构优化，再进行查询优化。

在对结构进行优化时，应当首先对排序键进行优化。ClickHouse 通过数据聚集提高查询性能，数据结构带来的加速效应小于数据聚集带来的加速效应。建议按照排序键、数据结构、索引、查询的顺序进行 ClickHouse 性能调优。

2. 空间换时间

ClickHouse 的特性是查询速度快，因此必然会遇到使用空间换时间的场景。优先对排序键进行优化，排序键优化效果最好的是最左边的第一个排序条件。对于一张宽表，在不同的业务中，排序键优化的顺序不是固定不变的。遇到这种情况，就需要用到空间换时间原则，即将数据按照新的排序键保存一个副本，使用多副本来应对不同的业务需求。ClickHouse 本身会对数据进行压缩，即使是多个副本，也可能小于真实的数据量。遇到可以使用空间换时间的场景时，可以灵活创建副本，利用冗余实现性能优化。

12.2 数据结构优化

数据结构优化指针对表设计、字段类型选择等建表过程进行优化。ClickHouse 使用存储服务于计算的设计理念，其存储引擎和计算引擎绑定，共同协调优化。由于 ClickHouse 高性能算法需要底层数据结构的支撑，因此将数据结构优化为适配 ClickHouse 高性能算法的类型，可以极大提高 ClickHouse 的查询性能。

1. 巧用特殊编码类型

表 12-1 列出了 ClickHouse 支持的几个特殊编码类型，使用特殊编码类型可以极大提高压缩效率，降低数据的大小，从而起到降低磁盘 I/O 的作用，提高查询性能。

表 12-1　特殊编码类型

名称	目标类型	原理	使用场景
Delta	时间、日期、数字	使用相邻的两个值增量代替原始数据	适用于单调序列（例如时间序列）
DoubleDelta	时间、日期、数字	计算相邻的两个值增量的增量，并以紧凑的二进制形式写入内存	步长恒定的单调序列（如时间序列）
Gorilla	浮点数	计算相邻的两个值的异或（XOR）结果，并以紧凑的二进制形式写入内存	缓慢变换的单调浮点类型
T64	整数	裁剪未使用的高位	整数位数高的字段，例如 Int32、Int64
LowCardinality	String、FixedString	将重复出现的 String 类型的值用整数替换	枚举值小于 10 000 的字符串

使用特殊编码类型的示例代码如下。

```
CREATE TABLE codec_example
(
dt Int128 CODEC(T64()),
ts DateTime CODEC(DoubleDelta),
float_value Float32 CODEC(Gorilla(),LZ4),
strs LowCardinality(String),
value Float32 CODEC(Delta, ZSTD)
)
ENGINE = <Engine>
```

2. 使用复制表作为分布式底层表

ClickHouse 的分布式表的本质是一个本地表的代理，如果其底层本地表有复制的需求，建议用户直接使用复制表，不要使用分布式表引擎提供的复制能力。分布式表引擎的复制能力并不适合所有场景，有可能出现数据在两个副本中不一致的情况，从而导致查询结果出错。

3. 设置字段类型

Hive 需要支持已经存在于 HDFS 上的数据文件，而这些数据文件可能是由不同的程序生成的，因此会导致这些数据文件的数据质量参差不齐。为了避免出现这个问题，很多用户喜欢将 Hive 表中的数据类型全部设置为 String。这个动作会导致 ClickHouse 无法针对数据类型进行有针对性的优化。建议用户在使用 ClickHouse 时，按照字段的实际类型设置数据类型，不要像 Hive 数仓一样，全部使用 String 类型。

4. 时间日期字段不要用整型的时间戳

Hive 的早期版本不支持时间类型，因此很多用户使用整型作为时间戳来保存时间或日期类型的数据。在 ClickHouse 中，已经提供了原生的 Date 和 DateTime 类型，这两个类型底层使用时间戳保存数据，不需要针对时间日期进行优化。原生的时间日期类型还可以使用 ClickHouse 提供的多种时间日期函数，利用 ClickHouse 的 SIMD 硬件优化查询性能。用户应当尽量使用原生的时间日期类型。

5. 使用默认值而不是 Nullable

ClickHouse 使用 Nullable 标记某个字段列的数据允许为 null。ClickHouse 在处理 null 类型的数据时，会使用一个独立的数据文件来记录为 null 的数据，这会极大增加磁盘空间，增加磁盘 I/O 时间，降低查询速度。ClickHouse 官方不建议用户使用 Nullable，而是建议用户使用一个特殊意义的值配合表的默认值来处理允许为 null 的列。

以年龄列为例，可以定义 −1 为 null，然后将年龄列的默认值设置为 −1。通过这种方式避免 Nullable 对性能的影响。

6. 使用字典代替 Join 操作中的表

对于经常参与 Join 操作的维度表，可以考虑是否使用 ClickHouse 提供的字典进行保存。ClickHouse 的每个节点都会将配置文件中的字典载入内存，且支持动态更新字典。在进行 Join 操作时，由于使用的字典已经预先分布到了集群中的各个节点上，所以 Join 操作的右表使用字典来代替可以跳过的数据传播过程，提高了查询效率。

12.3 内存优化

本节介绍 ClickHouse 优化内存的方法。

1. 关闭虚拟内存

在生产环境中，建议关闭虚拟内存。虚拟内存的本质是操作系统将内存中的数据页交换到磁盘上以实现内存控制。由于虚拟内存会降低 ClickHouse 的速度，也有可能和 ClickHouse 竞争磁盘 I/O，所以在生产环境中最好关闭虚拟内存，以提高 ClickHouse 的查询性能。

2. 尽可能使用大内存的配置

ClickHouse 在 Join 操作时默认使用哈希连接（Hash Join）算法，哈希连接算法会将右表载入内存进行操作。如果内存不够，就会因内存溢出而导致查询失败，也可能使 Join 算法退化为磁盘上的 Sort Merge Join 算法而导致性能降低。如果业务场景中经常需要进行 Join 操作，那么用户应当尽可能选择大内存的配置。

12.4 磁盘优化

本节介绍磁盘优化的方法，对磁盘进行优化可以获得很高的性能收益。

1. 使用 SSD

使用 SSD（Solid-State Drive，固态硬盘）可以极大提高磁盘 I/O。在条件允许的情况下，可以将 ClickHouse 的节点更换为 SSD，以获得更好的性能。

2. 冷热分层存储

使用全 SSD 的成本比较高，如果预算不够，那么也可以使用冷热分层存储的方案。冷热分层存储指的是将经常使用的热数据放置于 SSD 上，一段时间后这部分数据不需要经常使用了，再转移到存储冷数据的机械硬盘上。通过冷热分层存储，既可以在查询热数据时获得高性能，又可以降低存储成本。下面的代码展示了使用 ClickHouse 提供的 TTL（Time To Live，生命周期）功能实现冷热分层的示例。

```
# 配置磁盘
<storage_configuration>
<disks>
    <ssd> <!--磁盘名称 -->
        <path>/mnt/fast_ssd/clickhouse/</path>
    </ssd>
    <hard_disk>
        <path>/mnt/hdd1/clickhouse/</path>
        <keep_free_space_bytes>10485760</keep_free_space_bytes>
    </hard_disk>
</disks>
</storage_configuration>
# 配置TTL
CREATE TABLE example_table
(
    d DateTime,
    a Int
)
ENGINE = MergeTree
PARTITION BY toYYYYMM(d)
ORDER BY d
TTL d + INTERVAL 1 MONTH [DELETE],  // 一个月以上的数据自动删除
    d + INTERVAL 1 WEEK TO VOLUME ssd, // 1周内数据保存到 SSD
    d + INTERVAL 2 WEEK TO DISK 'hard_disk'; // 2周以内的数据迁移到机械硬盘上
```

3. 使用 RAID

使用 RAID（Redundant Array of Inexpensive Disks，磁盘阵列）提高磁盘 I/O，可以防止硬盘损坏导致的数据丢失。ClickHouse 官方建议在 Linux 上使用软件 RAID。经过测试，建议读者首选 RAID6，在保证数据安全的情况下，尽可能提高磁盘 I/O 速度，起到加速查询的作用。

4. 分区粒度不宜过细

ClickHouse 和 Hive 不同，Hive 的数据分布在整个集群中，因此分区可以提高 Hive 任务的并行度，起到加速查询的作用。ClickHouse 的数据都在单机上，任

务可能触及磁盘、CPU、内存的瓶颈，因此在单机上做并行可能是无效的。分区在 ClickHouse 上并不能加速查询，读者不应在 ClickHouse 上将分区粒度设置得太细，否则可能导致原本聚集的数据被打乱，反而影响查询速度。

5. 做好磁盘 I/O 监控

在很多情况下，ClickHouse 的瓶颈在磁盘上，建议读者做好磁盘 I/O 的监控。当磁盘 I/O 一直处于高位时，可以通过复制表分散一些查询，或者升级磁盘硬件，以获得更好的查询性能。

12.5　网络优化

网络优化的核心在于提高网卡带宽和优化网络拓扑布局，需要依照业务实际情况进行规划，本节只介绍和 ClickHouse 相关的两个方式。

1. 使用万兆或更高带宽的网卡

ClickHouse 集群中数据复制比较频繁，应该对 ClickHouse 的节点使用高性能网卡。建议使用万兆或更高带宽的网卡，高带宽的网卡可以提高网络传输的效率，提高分布式表的查询性能。

2. 互为副本的机器安排在同一机架上

互为副本的集群经常需要进行数据复制，东西流量（East-West traffic）较大，为避免影响整个集群的干线网络，建议将互为副本的机器安排在同一个机架上，这样两个副本可以通过机架上的交换机进行流量传输，避免影响整个机房的带宽。

12.6　CPU 优化

本节介绍 CPU 的优化方式。

1. 选择较多内核的 CPU

ClickHouse 使用向量化计算引擎，会充分利用 CPU 的并行能力。由于 ClickHouse 查询的大量时间都在磁盘 I/O 上，说明 CPU 经常处于等待状态，故主频对查询的影响较小。在对 ClickHouse 硬件进行选型时，首选多核的 CPU 配置，避免选择 CPU 主频频率很高但 CPU 核数少的 CPU 配置。

2. 选择支持 SIMD 的 CPU

ClickHouse 计算引擎使用 SIMD 进行向量化加速，应该选择 x86 架构且支持 SSE4.2 指令集的 CPU。生产环境尽可能不要选择 ARM 架构的 CPU。

12.7　查询优化

本节介绍 SQL 语句层面的查询优化方式，这类优化应当在最后进行。

1. Join 操作时较小的表作为右表

ClickHouse 在 Join 操作会始终将右表载入内存，进行哈希连接。在编写 Join 语句时，应当将数据量比较小的表作为右表。同时，在分布式表中，ClickHouse 也会始终将右表广播到所有的分片上，将小表作为右表也能减少广播的数据量，提高查询速度。

2. 使用批量写入，每秒不超过 1 个写入请求

ClickHouse 写入操作的成本比较高，建议使用批量写入的方法，而不要将数据一条一条地写入，尽可能保证每秒只有一个写入请求，也可以通过 Buffer 表进行缓冲。

3. 对数据做好排序后再写入

在写入数据时，建议将数据按照表的排序键进行排序后再写入。鉴于 ClickHouse

的设计,每次遇到不同分区的数据都会创建一个新的临时分区,分区一旦完成写入,就会成为不可变对象。在极端情况下,未排序的数据多次创建新的临时分区,会引发 too many parts 的异常。批量写入数据时,事先对数据进行排序可以有效避免上述问题,从而获得很高的查询速度。

4. 使用不精确函数以提升查询速度

ClickHouse 提供了不精确函数和精确函数两种统计函数。不精确函数只保证数据级准确,不保证精确,但查询速度快;精确函数保证数据的绝对精确,但是查询速度慢,可能触发全表扫描。在一些不需要精确数据的场景下,可以使用不精确函数进行查询。表 12-2 展示了几个精确函数和不精确函数。

表 12-2 精确函数与不精确函数

精确函数	不精确函数	说明
uniqExact	uniq、uniqHLL12、uniqCombined	去重计数
quantileExact	quantile	分位数
/	topK	返回指定列中近似最常见值的数组。生成的数组按值的近似频率降序排序
corrStable	corr	相关系数
varPopStable、varSampStable	varPop、varSamp	方差
stddevPopStable、stddevSampStable	stddevPop、stddevSamp	标准差

5. 使用物化视图加速查询

对于一些复杂的查询任务,可以通过创建物化视图来提高查询性能。物化视图的本质是一张物理表,将数据直接保存到磁盘中以提升查询速度。比物理表更强大的是,物化视图还会检测底层表的变动,并自动将变动同步到物化视图的存储中。下面的代码展示了创建物化视图的方式。

```
CREATE MATERIALIZED VIEW
[IF NOT EXISTS] [db.]table_name [ON CLUSTER]
[TO[db.]name]
[ENGINE = engine] [POPULATE]
AS SELECT ...
```

6. Join 下推

ClickHouse 并不适合超大表的 Join 操作，因此对于复杂的 Join 操作，建议读者将 Join 下推到 Spark 等大数据集群中实现，只将结果导入 ClickHouse 中供业务进行即席查询。读者可以根据自身业务的实际情况，仔细考虑数仓的架构，对于数据量很大的业务场景，没有必要只靠 ClickHouse 来实现。ClickHouse 只能在数据量较小的场景下取代大数据集群。对于数据量庞大的场景，还是应当多种大数据技术并行，共同解决问题。

12.8 数据迁移优化

第 8 章介绍了如何使用 ClickHouse 自带的数据迁移工具进行数据的导入导出，ClickHouse 自带的工具具备部署简单、使用方便、维护方便等优点，但 ClickHouse 的原生数据迁移工具因为简单，无法支撑复杂的应用场景，建议读者使用 Apache SeaTunnel 进行数据迁移。

Apache SeaTunnel 是一个优秀的高性能分布式大数据集成框架。SeaTunnel 对 ClickHouse 进行了有针对性的优化，可以在大数据场景下更高效地进行数据迁移，为 ClickHouse 的用户提供了优于原生工具的使用体验。Apache SeaTunnel 具备如下优势。

1. 数据源支持丰富

SeaTunnel 定位为新一代的高性能分布式数据集成工具，官方支持二十多种数据源，这意味着使用 SeaTunnel 可以将多种数据源的数据导入 ClickHouse，极大地补充了 ClickHouse 原生工具的短板。同时活跃的社区也保证工具的质量和对全新数据源的支持速度。

2. 使用简单

SeaTunnel 是一个开箱即用的工具，部署完成后只需要通过向 SeaTunnel 提供配置文件即可使用，不需要配置数据库连接驱动，也不需要用户编写代码。

3. 完全分布式

SeaTunnel 是一个完全的分布式架构，因此只需要向 SeaTunnel 提交任务，SeaTunnel 会自动将任务进行分布式运行。借助 SeaTunnel 灵活的任务配置，可以更快速更简单地实现 ClickHouse 分布式表的数据迁移。

12.9　本章小结

本章介绍了在生产中使用 ClickHouse 的一些技巧，以帮助读者更好地使用 ClickHouse，并获得最强的性能。